"十三五"职业教育国家规划教材配套教材

德培匠魂

徐莉　张鸿　夏于胜　主编

中国财经出版传媒集团
中国财政经济出版社

图书在版编目（CIP）数据

德培匠魂 / 徐莉，张鸿，夏于胜主编．--北京：
中国财政经济出版社，2021.8
“十三五”职业教育国家规划教材配套教材
ISBN 978-7-5223-0686-5

Ⅰ.①德… Ⅱ.①徐… ②张… ③夏… Ⅲ.①职业道
德-职业教育-教材 Ⅳ.①B822.9

中国版本图书馆CIP数据核字（2021）第155635号

责任编辑：蔡 宾　　责任校对：徐艳丽
封面设计：新金课

德培匠魂
DEPEI JIANGHUN

中国财政经济出版社 出版
URL：http：//www.cfeph.cn
E-mail：cfeph@cfeph.cn

社址：北京市海淀区阜成路甲28号 邮政编码：100142
营销中心电话：010-88191522 编辑部门电话：010-88190666
天猫网店：中国财政经济出版社旗舰店
网址：https：//zgczjjcbs.tmall.com
北京富生印刷厂印刷 各地新华书店经销
成品尺寸：185mm×260mm 16开 17.5印张 409 000字
2021年10月第1版 2021年10月北京第1次印刷
定价：30.00元
ISBN 978-7-5223-0686-5
（图书出现印装问题，本社负责调换，电话：010-88190548）
本社质量投诉电话：010-88190744
打击盗版举报热线：010-88191661 QQ：2242791300

编委会成员

主　编：徐　莉　张　鸿　夏于胜

副主编：黄学兰　余　跃　程思豪

编　委：贺树生　晏　耀　杨春远　钟显平　贺红宾

游来凰　宋小琴　皮昭忠　石治勇　周姗姗

谭　剑　何　水

习近平总书记关于发展职业教育的论述

“教育兴则国家兴，教育强则国家强。”

——2018 年 5 月 2 日，习近平在北京大学师生座谈会上的重要讲话

“要树立正确人才观，培育和践行社会主义核心价值观，着力提高人才培养质量，弘扬劳动光荣、技能宝贵、创造伟大的时代风尚，营造人人皆可成才、人人尽展其才的良好环境，努力培养数以亿计的高素质劳动者和技术技能人才。要牢牢把握服务发展、促进就业的办学方向，深化体制机制改革，创新各层次各类型职业教育模式，坚持产教融合、校企合作，坚持工学结合、知行合一，引导社会各界特别是行业企业积极支持职业教育，努力建设中国特色职业教育体系。要加大对农村地区、民族地区、贫困地区职业教育支持力度，努力让每个人都有人生出彩的机会。”

——2014 年 6 月 23 日，习近平在全国职业教育工作会议上的重要指示

习近平总书记关于思政课程的论述

"要用好课堂教学这个主渠道，思想政治理论课要坚持在改进中加强，提升思想政治教育亲和力和针对性，满足学生成长发展需求和期待，其他各门课都要守好一段渠、种好责任田，使各类课程与思想政治理论课同向同行，形成协同效应。"

——2020 年 10 月 14 日，习近平在全国高校思想政治工作会议上的讲话

"合格的老师首先应该是道德上的合格者，好老师首先应该是以德施教、以德立身的楷模。师者为师亦为范，学高为师，德高为范。老师是学生道德修养的镜子。"

——2014 年 9 月 9 日，习近平同北师大师生代表座谈会时的讲话

"基础教育是立德树人的事业，要旗帜鲜明加强思想政治教育、品德教育，加强社会主义核心价值观教育，引导学生自尊自信自立自强。"

——2016 年 9 月 9 日，习近平在北京市八一学校考察时的讲话

"办好思政课，就是要开展马克思主义理论教育，用新时代中国特色社会主义思想铸魂育人，引导学生增强中国特色社会主义道路自信、理论自信、制度自信、文化自信，厚植爱国主义情怀，把爱国情、强国志、报国行自觉融入坚持和发展中国特色社会主义、建设社会主义现代化强国、实现中华民族伟大复兴的奋斗之中。"

——习近平在 2020 年第 17 期《求是》杂志上发表文章《思政课是落实立德树人根本任务的关键课程》

践行核心价值观　追寻美丽职中梦

国家层面：富强　民主　文明　和谐

价值观是人们心中的深层信念系统，核心价值观能否与时俱进，直接影响到一个国家的凝聚力和影响力。2020 年，实现国内生产总值和城乡居民人均收入比 2010 年翻一番。当全面建成小康的目标为世界瞩目之时，中国人的家国情怀汇聚、升腾，富强、民主、文明、和谐，成为全国人民共同的价值追求。

社会层面：自由　平等　公正　法治

回望 40 多年前，改革开放给“板结化”的社会以松动的空间，激发出社会的巨大活力，也正是以此为始，一个又一个传奇在中国大地不断生长。其从提出到完善，成为“五位一体”格局的重要一环。与此同时，社会转型期的各类矛盾与问题也纷至沓来。在思想、文化、利益多元多样多变的时代，社会对“共识”的需要显得尤为迫切。

公民层面：爱国　敬业　诚信　友善

价值观最基本的主体还是个人。社会主义核心价值体系践行的主体，既包括政党和国家，也包括广大人民群众，但最重要的主体应是个人，是最广大的人民群众。“三个倡导”，涉及国家、社会、个人三个层次，个人是基础，社会要共同努力，才能实现国家的富强、民主、文明、和谐。

中等职业学校学生公约

一、爱祖国，有梦想。爱党爱国，拥护宪法；服务人民，奉献社会；立志高远，复兴中华。不危害祖国，不自私自利，不胸无志向。

二、爱学习，有专长。崇尚科学，追求真知；勤学苦练，精益求精；不会就学，不懂就问。不愚昧无知，不浅尝辄止，不知难而退。

三、爱劳动，图自强。尊重劳动，勇于创造；艰苦奋斗，勤俭节约；从我做起，脚踏实地。不好逸恶劳，不奢侈浪费，不眼高手低。

四、讲文明，重修养。尊师孝亲，友善待人；诚实守信，言行一致；知错就改，见贤思齐。不恃强凌弱，不弄虚作假，不自甘落后。

五、遵法纪，守规章。遵守法律，依法做事；遵守校纪，依纪行为；遵守行规，依规行事。不惹是生非，不损坏公物，不违规操作。

六、辨美丑，立形象。情趣健康，向善向美；仪容整洁，衣着得体；举止文明，落落大方。不言语粗俗，不衣冠不整，不近“黄赌毒”。

七、强体魄，保健康。按时作息，坚持锻炼；讲究卫生，保持清洁；珍爱生命，注意安全。不晚睡晚起，不抽烟酗酒，不沉迷网络。

八、树自信，勇担当。自尊自信，乐观向上；珍惜青春，不怕挫折；敬业乐群，勇担责任；不消极悲观，不自卑自闭，不碌碌无为。

中等职业学校学生守则

一、热爱祖国，拥护中国共产党，立志为社会主义事业服务。

二、遵守法律法规，增强法律意识。遵守校规校纪，遵守社会公德。

三、热爱专业，努力学习，勤思好问，乐于探究，积极参加社会实践和有益的活动。

四、珍爱生命，注意安全，锻炼身体，讲究卫生。

五、自尊自爱，自信自强，生活习惯文明健康。

六、积极参加劳动，勤俭朴素，自己能做的事自己做。

七、孝敬父母，尊敬师长，礼貌待人。

八、热爱集体，团结同学，互相帮助，关心他人。

九、诚实守信，言行一致，知错就改，有责任心。

十、热爱大自然，爱护生活环境。

中等职业学校学生日常行为规范

一、自尊自爱，注重仪表

1. 维护国家荣誉，尊敬国旗、国徽，会唱国歌，升降国旗、奏唱国歌时要肃立、脱帽、行注目礼。

2. 穿戴整洁、朴素大方，不烫发，不染发，不化妆，不佩戴首饰，男生不留长发，女生不穿高跟鞋。

3. 讲究卫生，养成良好的卫生习惯。不随地吐痰，不乱扔废弃物。

4. 举止文明，不说脏话，不骂人，不打架，不赌博。不涉足未成年人不宜的活动和场所。

5. 情趣健康，不看色情、凶杀、暴力、封建迷信的书刊、音像制品，不听不唱不健康歌曲，不参加迷信活动。

6. 爱惜名誉，拾金不昧，抵制不良诱惑，不做有损人格的事。

7. 注意安全，防火灾、防溺水、防触电、防盗、防中毒等。

二、诚实守信，礼貌待人

1. 平等待人，与人为善。尊重他人的人格、宗教信仰、民族风俗习惯。谦恭礼让，尊老爱幼，帮助残疾人。

2. 尊重教职工，见面行礼或主动问好，回答师长问话要起立，给老师提意见态度要诚恳。

3. 同学之间互相尊重、团结互助、理解宽容、真诚相待、正常交往，不以大欺小，不欺侮同学，不戏弄他人，发生矛盾多做自我批评。

4. 使用礼貌用语，讲话注意场合，态度友善，要讲普通话。接受或递送物品时要起立并用双手。

5. 未经允许不进入他人房间、不动用他人物品、不看他人信件和日记。

6. 不随意打断他人的讲话，不打扰他人学习工作和休息，妨碍他人要道歉。

7. 诚实守信，言行一致，答应他人的事要做到，做不到时表示歉意，借他人的钱物要及时归还。不说谎，不骗人，不弄虚作假，知错就改。

8. 上、下课时起立向老师致敬，下课时，请老师先行。

三、遵规守纪，勤奋学习

1. 按时到校，不迟到，不早退，不旷课。

2. 上课专心听讲，勤于思考，积极参加讨论，勇于发表见解。

3. 认真预习、复习，主动学习，按时完成作业，考试不作弊。

4. 积极参加生产劳动和社会实践，积极参加学校组织的其他活动，遵守活动的要求和规定。

5. 认真值日，保持教室、校园整洁优美。不在教室和校园内追逐打闹喧哗，维护学校良好秩序。

6. 爱护校舍和公物，不在黑板、墙壁、课桌、布告栏等处乱涂刻画。借用公物要按时归还，损坏东西要赔偿。

7. 遵守宿舍和食堂的制度，爱惜粮食，节约水电，服从管理。

8. 正确对待困难和挫折，不自卑，不嫉妒，不偏激，保持心理健康。

四、勤劳俭朴，孝敬父母

1. 生活节俭，不互相攀比，不乱花钱。

2. 学会料理个人生活，自己的衣物用品收放整齐。

3. 生活有规律，按时作息，珍惜时间，合理安排课余生活，坚持锻炼身体。

4. 经常与父母交流生活、学习、思想等情况，尊重父母意见和教导。

5. 外出和到家时，向父母打招呼，未经家长同意，不得在外住宿或留宿他人。

6. 体贴帮助父母长辈，主动承担力所能及的家务劳动，关心照顾兄弟姐妹。

7. 对家长有意见要有礼貌地提出，讲道理，不任性，不耍脾气，不顶撞。

8. 待客热情，起立迎送。不影响邻里正常生活，邻里有困难时主动关心帮助。

五、严于律己，遵守公德

1. 遵守国家法律，不做法律禁止的事。

2. 遵守交通法规，不闯红灯，不违章骑车，过马路走人行横道，不跨越隔离栏。

3. 遵守公共秩序，乘公共交通工具主动购票，给老、幼、病、残、孕及师长让座，不争抢座位。

4. 爱护公用设施、文物古迹，爱护庄稼、花草、树木，爱护有益动物和生态环境。

5. 遵守网络道德和安全规定，不浏览、不制作、不传播不良信息，慎交网友，不进入营业性网吧。

6. 珍爱生命，不吸烟，不喝酒，不滥用药物，拒绝毒品。不参加各种名目的非法组织，不参加非法活动。

7. 公共场所不喧哗，瞻仰烈士陵园等相关场所保持肃穆。

8. 观看演出和比赛，不起哄滋扰，做文明观众。

9. 见义勇为，敢于斗争，对违反社会公德的行为要进行劝阻，发现违法犯罪行为及时报警。

前 言

本书依据《教育部关于进一步深化中等职业教育教学改革的若干意见》（以下简称“意见”）编写，《意见》指出：“进一步加强学生思想道德教育。突出以诚信、敬业为重点的职业道德教育，帮助学生树立科学的世界观、人生观和价值观，培养学生爱岗敬业的优良品质。”中职学生是社会建设的栋梁，必须恪守诚信、善待生命、维护法治。培育高素质的中职学生是中职教育工作者义不容辞的责任。本书采用文化经典和哲理故事互相映衬、互相补充的形式编写，注重案例教学。通过丰富的中外经典故事和真实社会案例帮助学生增进对诚信、生命、法治教育的理解，进一步提升学生的德育修为。

本书的编写体例经认真研究和反复推敲确定。编者查阅大量文献资料，进行精心整理，夯实本书编撰的理论基础，同时，认真学习和领会新时代党和国家对中职学生责任担当的要求，结合中职学生德育工作的实际，采用了中职学生易于接受的方式进行编写，使之具有科学性、时代性、实用性。

本书包括诚信教育、生命教育和法治教育三个模块，力求简单、实用、生动、鲜活、贴切。诚信教育模块注重古训，着力提高学生的诚信、责任意识和道德修养。生命教育模块依据习近平总书记“人民至上、生命至上”的讲话精神，着眼于加强学生对生命安全和身体健康的教育影响，帮助学生树立正确的人生观和价值观。法治教育模块依据依法治校、依法治教的原则，培养学生知法、懂法、护法，并拥有运用法律手段解决实际问题，以法律为武器来保护自己的法律意识。

本书由重庆市垫江县职业教育中心学校徐莉、张鸿、夏于胜担任主编，由黄学兰、余跃、程思豪担任副主编，参与编写的还有贺树生、晏耀、杨春远、钟显平、贺红宾、游来凰、贺小琴、皮昭忠、石治勇、周姗姗、谭剑、何水等多名教师。

成书过程中，我们参考、引用和借鉴了一些读物和资料，在此谨向有关作者、出版社致以诚挚的谢意。

由于编者水平有限，书中难免存在疏漏或不妥之处，恳请读者不吝批评指正。

编者

2021 年 6 月

目录

第一章
诚信教育

习近平总书记关于诚信教育的论述

人与人交往在于言而有信，国与国相处讲究诚信为本。

——2013 年 10 月 3 日，习近平在印度尼西亚国会的演讲

我们倡导的富强、民主、文明、和谐，自由、平等、公正、法治，爱国、敬业、诚信、友善的社会主义核心价值观，体现了古圣先贤的思想，体现了仁人志士的夙愿，体现了革命先烈的理想，也寄托着各族人民对美好生活的向往。只要是中国人，就应该自觉培育和践行社会主义核心价值观。

——2014 年 5 月 30 日，习近平在北京市海淀区民族小学主持召开座谈会时的讲话

要学会做人的准则，就要学习和传承中华民族传统美德，学习和弘扬社会主义新风尚，热爱生活，懂得感恩，与人为善，明礼诚信，争当学习和实践社会主义核心价值观的小模范。

——2015 年 6 月 1 日，习近平在会见中国少年先锋队第七次全国代表大会代表时的讲话

第一节　赵简子立储

每日一读

父母呼，应勿缓；父母命，行勿懒；
父母教，须敬听；父母责，须顺承。

【译文】 父母亲叫你的时候，要立刻答应，不能迟缓；父母亲让你做事的时候，要马上去做，不能拖延偷懒。对父母的教诲，要恭敬地聆听；对父母的责备，要顺从地接受。

每日一得

百善孝为先，行孝是为人子的本分。

教人先教“孝”，教育子孙最重要的是教会他们对父母行孝。

《弟子规》“入则孝”是学生主修的第一门课。“入”是在家；孝就是在家要善事父母，善是心，事是侍。心即是心里面念念不忘父母对我们的养育之恩，侍即是念念都要照顾到父母。

每日一小故事

赵简子立储

春秋时赵毋恤因听从父亲教诲而被立为太子，后成为赵国创始人。

春秋末期，晋国正卿赵简子鞅非常重视对儿子们的教育。有一次，他将训诫儿子们的话，写在竹简上，交给他们，要求他们熟读成诵，并时时对照竹简上的要求去做，告诉他们说三年之后逐一考察。三年后，当他把儿子们叫来考察时，太子伯鲁不仅背诵不出训诫的内容，甚至连竹简也没了踪影，只有庶子毋恤对训诫背诵如流，并且三年来始终将竹简携带在身边，不时对照父亲的训诫反省，检查自己的行为。这次考察过后，赵简子非常看重毋恤，以至于后来将原太子伯鲁废掉，改立毋恤为太子。

毋恤后来果然不负“父”望，继承和发展了父亲的事业，成为战国时期赵国的创始人。

一个人在小时候主要接受的是家庭教育和学校教育。父母对孩子的品行起着引导、纠正作用。让做什么，不让做什么；什么是对的，什么是错的，对于这些行为的认定父母起着很重要的指导作用。所以一个人的品行受家庭教育的影响非常大。

每日一省

第二节　父亲的新房

每日一读

冬则温，夏则凊；晨则省，昏则定。

【译文】子女照料父母，冬天要让他们温暖，夏天要让他们清爽凉快；早晨要向父母请安。晚上要替他们铺好被子；伺候父母安眠。

每日一得

孝悌之至，能通于神明，光于四海，无所不通。

“孝”字分开来就是一个“老”与“子”，老指父母、子指子女，就是子女背着父母，作为子女应把父母放在心中首位去尊敬，当父母老了我们要照顾好他们。试问自己是否给父母倒过一杯热水？是否为他们洗过衣服、经常与他们聊天？这些举手就能办到的事，你做过吗？就让我们从今天开始，从小事做起，把我们的孝心用在实处。

每日一小故事

父亲的新房

有一位工厂退休的70多岁的老人，老伴几年前去世了。他有一个女儿，一个儿子。女儿工作成家均在外地，儿子在本市，住得很近。老人住的房子需要拆迁，按政策他的拆迁房加上一笔钱可以得到一套100多平方米的三室一厅的大房子，他就把所有的积蓄都拿出来买了一套，准备给儿子一家三口住，自己将来住在儿子现住的一套两室一厅。

房子拆迁时，他租了一套一居室的房子作为自己临时安身之所，等着将来搬到儿子那套两室一厅住。没想到，等新房子盖好，儿子一家三口搬进那三室一厅的大房子后，立刻把那套两室一厅的房子租了出去。

老人得知消息后，又惊讶，又气愤，怒气冲冲地到“儿子的新房”去质问儿子，儿子却一脸无辜地说道：“爸爸，你一个人也住不了两室一厅，一间房子就够住了。”“要不，以后那间房子的房租我来付?”

父亲一听气得手也哆嗦，身子也打颤，指着儿子的鼻子说：“你就这样孝顺我？用不着！我的退休金还掏得起那一间房钱!”说完就晃晃荡荡地离开了儿子的家。

从那以后，人们看到的是一个身子硬朗，走路利索的老人变成了一个颤颤巍巍，走路都摇摇欲坠的老人。

孝与不孝是对自己的子女有很大影响的，关心照顾父母的生活可以给孩子传输一种理念，照顾父母是理所应当的，天经地义的事情，将来等自己老的时候，他也会认为照顾你是理所应当，天经地义的事情。

每日一省

第三节　父母在，不远游

每日一读

出必告，反必面；居有常，业无变。

【译文】出门要告诉父母一声，回来也要通报一声，以免父母挂念；平时居住的地方要固定，选定的职业或立定的志向要努力去完成，不要轻易改变。

每日一得

孝顺父母体现在日常生活中的每一个细小的环节。比如出去和小朋友玩或者去同学家写作业一定告诉母亲，以免让家人到处找自己。

当今社会，我们为了求学或生存，不可能不离开父母一段时间，但我们的心不能离开父母，要时刻惦念着父母，常常和父母保持联系，以免父母为我们牵肠挂肚。

每日一小故事

父母在，不远游

战国时，侠客聂政非常孝顺自己的母亲。父亲去世后，他和母亲一起生活。由于聂政武术高强，而且有着一副侠义心肠，所以常有人请他帮忙解决一些棘手的问题，打抱不平。但是，聂政为了不让母亲担心，遇到一些非常危险的事常常是刻意回避。聂政这样做的目的是能有更多的时间在家中陪伴母亲。几年后，聂政的母亲去世了。在安葬了母亲以后，聂政才离开了家去帮助自己的朋友做事。

每日一省

第四节 鹿乳奉亲

每日一读

事虽小，勿擅为；苟擅为，子道亏；
物虽小，勿私藏；苟私藏，亲心伤。

【译文】 不要因为小事情，就不禀告父母而擅自去做；假如自作主张地去做事，那就不合乎为人子女的道理了。

东西即使很小，也不要偷偷私藏起来；否则，一旦被发现，父母一定会非常伤心生气。

每日一得

事情即使再小，也不能擅自做主，如果不经父母同意，自作主张去做，就有损为人子女应遵守的本分了。

勿以恶小而为之，勿以善小而不为。一方面，我们绝对不能做损害他人正当利益的不良行为；另一方面，我们要从小事做起，做一个正直、善良的人。

每日一小故事

鹿乳奉亲

周朝时，有一位叫郯子的人，从小就很孝顺。他的父母年老的时候，双目均患眼疾，想吃鹿乳。郯子苦思冥想，终于想出一个办法。于是他穿上了鹿皮，往深山鹿群中走去，想这样去取得鹿乳供奉双亲，没想到被打猎的人发现。正当猎人举起了弓箭要射杀他时，他急忙喊道：“我为了取得鹿乳，给患有眼疾的双亲吃才穿上鹿皮，混到鹿群中采取鹿乳。”猎人知道原来是人不是鹿，才放下弓箭没有射他，并且对他这种孝敬父母的行为赞叹不已。

每日一省

第五节　一罐咸鱼

每日一读

亲所好，力为具；亲所恶，谨为去。

【译文】 凡是父母所喜欢的东西，一定要尽力替他们准备好；凡是父母所讨厌的东西，一定要小心地处理掉。

每日一得

在日常生活中我们要处处留心、时时在意，一言一行都要以父母作为主要的考虑。要从衣食住上细心观察，使父母的口福不缺，按四季更换衣服，卧宿使其安适，行动有人扶持；父母所爱之物，我必爱之，父母所爱之人，我当敬之，父母所愿意的事，我当奉行之，要时时顺着父母的心意，使其心生欢喜。读懂父母的心声、父母的需要，这才是真正的孝道。相反，当我们起了一个坏的念头，比如说起了贪心，起了跟人家争斗的心以及不好学进取等种种不善的念头，这都是对不起父母啊！这些我们都要小心地把它去除掉，所以这个孝心要从这点点滴滴去养成。

每日一小故事

一罐咸鱼

中国古代“四大贤母”（孟母、欧阳母、岳母、陶母）之一湛氏，她的儿子陶侃是东晋有名的大将。

陶侃年轻时是寻阳县管理渔业的一个小官，曾经托人送给母亲一罐咸鱼。陶侃的母亲见到儿子送来的咸鱼非常生气，将那一罐咸鱼原封不动退了回去，并同时写了一封信责备儿子：“你当了个管理渔业的小官，就把官府的鱼送给我，非但对我没有任何好处，反而使我为你感到担忧。”

因此，我们要做到照顾好自己日常生活起居，学业、事业不轻易变化，不使父母亲担忧之后，还要做到不惹父母亲生气。

每日一省

第六节　不下楼的秘密

每日一读

身有伤，贻亲忧；德有伤，贻亲羞。

【译文】如果身体有所不适或受到损伤，就会让父母为我们担忧；如果在德行上有了缺欠，就会使父母感到丢脸。

每日一得

父母活着的时候，不要因为自己的所作所为让他们感到丢脸；父母去世以后，也不能因自己的所作所为让他们的名字蒙受羞辱。所以对父母尽孝是一个人一生要做的事情，并不是父母去世后，孝道就算完成了。就像曾子战战兢兢一辈子直到临终前才敢说自己在“父母全而生之，子全而归之”方面做到了孝。

每日一小故事

不下楼的秘密

有一个单位的家属院，院子里经常有原是同一个单位的退休老人聚集在一起，在楼下空地上支张桌子打牌，择菜，织毛衣，聊天。有一天下午，突然来了一辆警车，车上下来几个警察，动作敏捷地向一个单元走去。人们很诧异，都停下了手里的活计，纷纷把吃惊的目光投向了警车和警察，并相互询问：“这是抓谁呢？抓谁呢？”不一会儿，警察们就从单元门里出来了，同时推搡着一个胳膊反捆在背后的小伙子，众目睽睽之下，把他塞进了警车。不约而同，人们又把诧异的目光集中在一位正在择菜的老人身上，只见她早已惊讶得合不拢嘴，脸色惨白，原来被抓走的是她的儿子。

事后人们才了解到他的儿子在外省参与了一起重大盗窃案，外省警察会同本地警察共同对他实行了抓捕。

从那以后，这位母亲基本上有半年时间没有下楼。

半年后，人们再次看到她时，本来瘦弱的她显得更加瘦弱不堪了，半年不见，头发已经全白了！

正在打牌，聊天，说说笑笑的人们看见她，想招呼她一起过来坐坐时，却见她远远地摆摆手，低着头默默走开。

唉，儿子啊，怎能让你的母亲走不到人跟前！

每日一省

第七节　许效舜的故事

每日一读

亲爱我，孝何难；亲憎我，孝方贤。

【译文】父母亲喜欢我，做到孝顺并不难；父母亲不喜欢我，我还能用心尽孝，那才是难能可贵的！

每日一得

无论父母喜欢不喜欢我们，我们都按照一个好孩子应该做到的事情去孝敬他们。无论自己的配偶有什么样的毛病，我们都按照作为一个好的另一半应该做到的事情去做。无论自己的领导多么糟糕，我们都做好一个下属该做的事情。无论自己的下属多么糟糕，我们都思考一下自己是不是做好了领导该做的事情。无论一个失去理智的人，如何在咆哮，如何出言讥讽，如何冷面无情，我们都要冷静，和善，理智。我们始终知道，我们该做的事情，而不受到别人的影响。

每日一小故事

许效舜的故事

台湾有一位艺人叫许效舜，他在“九・二一”大地震的前一天晚上，到南投的山区去拍飞鼠外景。当地向导带他们爬到山上去，平时那个地方是飞鼠出没最多的地方，结果他去拍的时候一只也没拍到，当地人一看不对劲赶快下山。

当他们走到半山腰的时候地震就来了。“九・二一”大地震倒了很多房子，死了2000多人，地震摇晃的时候就好像一阵巨响“轰轰轰”地传递过来，当时在场的人想起都会打哆嗦。同行的朋友都遇难了，许效舜却安然无恙。当时人们认为他是个传奇人物。

后来有一次他在接受访问时，说：“我这一生假如有一杯水喝，就保证我母亲一定有一碗白米饭吃。”这时人们才得到准确的答案，终于明白他还活着的原因——孝感动天。

他在讲的时候非常真诚，可以直接感受到他那份孝心不是言语上可以表达的，而是在他的内心深处。

许效舜的孝心孝行化解了这次的灾难。所以行孝、行善不能等，我们既然知道善这么重要就要赶快起而行之，绝对不是明天才开始做。什么时候开始？当下。

每日一省

第八节　苦心劝父

每日一读

亲有过，谏使更；怡吾色，柔吾声；

谏不入，悦复谏；号泣随，挞无怨。

【译文】如果父母有了过失，子女应当耐心地劝说使其改正。劝说时态度一定要和颜悦色，声音一定要柔和。

如果父母不肯接受劝说，就等到心情好时再劝。如果父母还是不听，还要哭泣恳求，即使因此而遭到鞭打，也毫无怨言。

每日一得

有时，明明知道对方在用错误的方式行事，也要给他时间，哪怕眼见着自己被伤得鲜血淋漓，也要装作不知，慢慢地安然地等待他累了回到她怀抱的那一天。

有时，眼见着平时温和的这个人突然变得凶恶和陌生，也需心平气和。也要相信，人心本善，等一等，再等一等，幸福就会来敲门。

珍惜岁月给自己的历练，平和地对待别人的过错，善待他人之时，更应保存自己内心的纯净与美好。

每日一小故事

苦心劝父

从前，有个叫孙元觉的少年，小时候就十分懂事，可他的父亲对祖父却非常不孝敬。有一天，父亲要把病弱的爷爷扔到深山里去。孙元觉哭着跪倒在父亲面前，恳求他不要这样做。可是父亲却哄骗他："爷爷年老了，年老不死会变成妖怪的。"来到了山里，父亲把爷爷放下就要离开。这时，孙元觉对父亲说："扔了爷爷把筐子拿回去吧。"父亲不明白他的意思，孙元觉说："等到你老了，我好用它来装你，把你扔到山里来呀。"父亲一听，大吃一惊，最终改变主意，又把爷爷接回了家。

每日一省

第九节　孝创奇迹

每日一读

亲有疾，药先尝；昼夜侍，不离床。

【译文】父母亲病了，吃的药自己要先尝一尝，看看是不是太苦、太烫。并且应日夜侍奉在他们的身边，不能离开一步。

每日一得

少时老养子，老来子养老。养儿防老，就是为了等到自己老了，能够有人来照顾自己。我们年轻人不要不顾及老人，其实老人是最可怜又是最可敬的。善待老人，孝顺父母，这不是仅仅说说就可以的，不要等到失去的那一天才追悔莫及。

孝心能够治病。日本江本胜博士十年来通过对水结晶的研究，发现人的心态、心念对于水结晶的结构产生影响。善良的心态，比如说爱、感恩，这些意念让水结晶非常美丽。如果是恶的心态，厌恶、憎恨、怨恨，这些意念让水结晶很丑陋。

每日一小故事

孝创奇迹

古有汉文帝侍母成佳话。今有戴永胜孝心创造奇迹。

山东省枣庄有个煤矿工人叫戴永胜，27 岁，但自己收入很微薄。他母亲患了晚期癌症，他侍奉在母亲床前尽心竭力。

医生告诉他说，他母亲已经没救了，劝他把他母亲带回家，准备办理后事。身为孝子的他，就到处找医生、找药方，帮他母亲去治疗。从民间的这些医生那里搜取很多治癌的良方，每天煎药给他母亲喝，结果他母亲半年以后病况明显好转。去医院复查，医生都大为惊奇，说癌症晚期，现在怎么癌症都转好了，她的癌细胞萎缩了百分之七十，这是叹为医学史上的奇迹。

奇迹从哪儿来？孝心的感召。

每日一省

第十节 居仁敬斋

每日一读

丧三年，常悲咽；居处变，酒肉绝；
丧尽礼，祭尽诚；事死者，如事生。

【译文】 父母亲去世后，要守丧三年，常常哀思父母养育之恩，提起父母会难过哭泣。居处要力求简朴，禁绝酒肉、娱乐等事。

丧事要完全按照礼法去办，祭祀要完全出于诚心。对待去世的父母亲，要如同他们在世时一样。

每日一得

当父母年老去世时，古代人一般要为父母守孝三年，来表示对父母的怀念。三年之内，不去娱乐场所，不能饮酒欢歌。不能因为父母不在了就此忘了父母的恩情。心中要常常想着父母在世时，对自己的教诲和爱护。

我们什么事情都可以等，只有孝顺父母不可以等，当我们懂事了就要先来孝敬自己的父母。不可说我长大了再去孝顺父母。

每日一小故事

居仁敬斋

明朝时，有一个讲学家，姓胡名居仁，表字叔心，是馀干人，跟着吴与弼读书，他的学问是以搜求放失的本心为主，因为正心，把一个“敬”字放在心里，所以就把这个“敬”字做了他书斋的名字。他平常对着妻子像见了尊敬的宾客一样，他的父母亡故了，居丧时候非常悲泣，以至骨瘦如柴，只能拄杖行走，整整三年不走进内室的门。他和人家说话，从不讲到利禄上去。后来在白鹿书院里做讲道的主教，暗地里修持，很谨慎地自守，终身做一个平民，不肯出去做官。

这是孝子的挚诚，实在令人感动。反思我们现在对父母的态度，我们当心生惭愧，因为父母为了儿女的成长耗尽了他们青春，日渐衰老。我们作为儿女，当父母去世之后，虽然不一定像古人那样在父母的墓旁守孝三年，但是我们要在内心常常追思、感怀父母养育的恩德，这是一生一世都不能忘怀的。

每日一省

____

____

____

第十一节　孔融让梨

每日一读

兄道友，弟道恭；兄弟睦，孝在中。

【译文】当哥哥的要爱护弟弟，做弟弟的要尊重哥哥；兄弟之间能够和睦相处，对父母的孝心也就包含在其中了。

每日一得

兄弟间应当不伤人，应当把个人所得的给予各人，应当避免虚伪与欺骗，应当显得恳挚悦人，这样学着去行正直。路遥知马力，日久见人心。好兄弟是能共同抵御外敌，和睦相处守候于内的。

每日一小故事

孔融让梨

孔融是东汉时人，他有六个兄弟，数他最小，据说他四岁时，就懂得谦让。有一天，父亲请他们兄弟几个吃梨，哥哥们都一下子拥到了桌子边，只有孔融静静地在一旁等着。父亲让孔融先挑，孔融走到筐边，拿了个最小的梨。父亲问："你为什么拿最小的?"孔融说："大的应该给哥哥们吃，我最小，当然吃小的。"父亲连连点头称赞。长大后，孔融仍然保持谦让的高尚品德，成了深受百姓爱戴的好官。

【提示】谦让，是一种美德，是一种尊重，是一种宽容，是一种奉献，是一种能化解人与人之间矛盾的救济药。学会谦让，做到谦让，那你一定能品尝到最大的甜头。

每日一省

____

____

____

第十二节　重义轻财

每日一读

财物轻，怨何生；言语忍，忿自泯。

【译文】如果彼此都把财物看的轻一些，不贪图钱财，兄弟之间就不会有怨仇。如果说话时都能够互相忍让一点，多替对方着想，忿恨自然会消除。

每日一得

对人诚恳，做事负责，多结善缘，自然多得人的帮助。淡泊明志，随遇而安，不产生非分之想，心境安泰，必少许多失意之苦。须知忍一时风平浪静，退一步海阔天空。

每日一小故事

重义轻财

卜式是西汉时期著名的贤士，他家有两兄弟。他对自己的弟弟很好，照顾得很周到。父母去世后，兄弟两人分家，卜式把家中的财产都让给了弟弟，自己只要了 100 多头羊。十几年过去了，卜式的羊群繁殖到了上千头，他买了房屋，置办了土地。这时弟弟却因经营不善而破产了，于是卜式毫不犹豫地把自己的财产分了一半给弟弟。卜式的行为感动了弟弟和所有的人，大家都说他是个重亲情、不爱财的君子。

【提示】没有金钱是万万不能的，因为我们需要金钱来提高生活水平；但钱不是万能的，有钱不等于幸福，生活中有很多比金钱更重要的东西。请记住，我们要做金钱的主人，而不是它的奴隶。

每日一省

第十三节　为迟到道歉

每日一读

或饮食，或坐走；长者先，幼者后。

【译文】不论在用餐、就座或行走时，都应该谦虚礼让，长幼有序，让年长者优先，年幼者在后。

每日一得

会做事的人，必须具备以下三个特点：一是愿意从小事做起，知道做小事是成大事的必经之路；二是胸中要有目标，知道把所做的小事积累起来最终的结果是什么；三是要有一种精神，能够为了将来的目标自始至终把小事做好。

每日一小故事

为迟到道歉

一次，中国香港最著名的畅销书作家梁凤仪应邀到北京大学作报告，时间是下午 3 点。当天的上午她应邀参观了中央电视台的一个拍摄基地后，她觉得时间还很充足，就和基地的领导一起共进了午餐。谁知乘车去北京大学的路上塞车了，结果迟到了一小时。

会议开始后，主持人一再强调："梁老师迟到是因为塞车。"但是，走上讲台的梁凤仪觉得自己是不可原谅的，她说："各位同学，我在此向大家诚恳道歉！北京塞车是常事，但我不应该为自己找借口，我应该把塞车的时间计算在内，做好充分的准备。如果在座的有 1000 位同学，我迟到的这一小时，对大家来说，就是浪费了 1000 个小时的生产力量，影响 1000 个人的心情啊！我只能盼望你们的原谅！"她的话，不仅赢得了同学们热烈的掌声，更赢得了大家发自内心的爱戴。

现代生活的快节奏，呼唤着人们的守时意识。名人因为惜时，所以守时。

每日一省

第十四节　爱心信仰

每日一读

长呼人，即代叫；人不在，己即到。

【译文】听到年长者叫人时，应立即替他去叫。如果被叫的人不在，自己就立即到年长者那里去，看看有什么事情需要做。

每日一得

长者立，幼勿坐，长者坐，命乃坐。尊长前，声要低，低不闻，却非宜。进必趋，退必迟，问起对，视勿移。父母呼，应勿缓；父母命，行勿懒。

每日一小故事

爱心信仰

丛飞原名张崇，1969 年 10 月生于辽宁省盘锦市大洼区的农村。初二辍学，后考入沈阳音乐学院，1992 年毕业，到广州闯荡，1994 年到深圳。1994 年 8 月开始长达 11 年的慈善资助。作为一名著名歌手，丛飞商业演出频繁，本应该生活富裕，但他 10 年来倾其所有，累计捐款捐物 300 多万元，资助失学儿童和残疾人 178 人，自己却一直过着清贫的生活，甚至不惜向生命借贷。2006 年 4 月 20 日 20 时 40 分，丛飞因病医治无效在人民医院去世。37 岁的丛飞生前立下遗嘱捐献眼角膜，以他最后的爱心之举，将光明永远馈赠社会、将爱长留人间。

【提示】在这个物欲横流的社会，在丛飞的身上，我们重新找回的不仅仅是善良、爱心，还是一种对爱的给予的坚定和信仰。

每日一省

第十五节 车夫大夫

每日一读

称尊长，勿呼名；对尊长，勿见能。

【译文】称呼长辈，不可以直呼姓名，这是对长辈的一种尊重。在长辈面前，要谦虚有礼，不要表现出自己很有才能，藐视长辈。

每日一得

侍于亲长，声容易肃，勿因琐事，大声呼叱。呼唤应声不敢慢，诚心诚意面带欢。虚心的人，常想己之短；骄傲的人，常夸己之长。须知虚心使人进步，骄傲使人落后。

每日一小故事

车夫大夫

齐国宰相晏婴有位车夫叫吕成，他依仗主人的权势非常骄傲自大。有一次吕成回到家中妻子表示要离开他。吕成很吃惊地问："我为宰相赶车，多体面啊！不愁吃穿，你为什么要离开我呢?"妻子说："你还知道自己是个车夫啊，你看晏大人虽然贵为宰相，但从没有像你那样的招摇和炫耀……"听完妻子的批评，吕成很惭愧。从此一改前非，后来在晏子的推荐下，吕成当上了大夫。

【提示】做人一定要懂得谦虚有礼，千万不要傲慢炫耀，这样别人才会尊重你。

每日一省

______

______

______

第十六节　把握当下

每日一读

路遇长，疾趋揖；长无言，退恭立。

【译文】路上遇到长辈，要赶快走上前去行礼请安；长辈没说话，就退到一旁恭敬的站着。

每日一得

成功的第一个条件是真正的虚心，对自己的一切敝帚自珍的成见，只要看出同真理冲突，都愿意放弃。当我们是大为谦卑的时候，便是我们最近于伟大的时候。

每日一小故事

把握当下

一位信徒不小心跌入了水流湍急的河里。但他并不着急，因为他相信佛祖一定会救他的。

这时，正好有人从岸边经过，但信徒心想："我这么虔诚，佛祖一定会救我的。"于是没有大声呼救。过了一会儿，河水把他冲到了河中心，他发现前面有一根浮木。但他仍然坚定地抱着这样的念头："佛祖一定会救我的，我根本不用着急。"于是他照样在水中扑腾，一会儿浮一会儿沉，最后他被淹死了。

信徒死后，他的魂魄忿忿不平地问佛祖："我是一位如此虔诚的佛教信徒，您为什么不救我呢?"

佛祖奇怪地问："我还奇怪呢？我给了你两次机会，为什么你都没有抓住?"

【提示】机会摆在你的面前，你要善于抓住。优秀的人不会去抱怨机会不来临，而是主动把握、抓住机会。机会随时都有，看你有没有慧眼判断。在你叫喊着机会为什么不降临的时候，你其实已经错过了许多。

每日一省

第十七节　程门立雪

每日一读

骑下马，乘下车；过犹待，百步余。

【译文】骑马遇到长辈要立刻下马，坐车遇到长辈要立刻下车；长辈走过去还要等一下，等到长辈离开100多步自己才能走。

每日一得

礼貌使有礼貌的人喜悦，也使那些受人以礼貌相待的人们喜悦。对老年人的尊敬是自然和正常的，尊敬不仅表现于口头上，而且应体现于实际中。

每日一小故事

程门立雪

宋朝进士杨时、游酢，是程门四大弟子中的两位，他们远从福建到河南拜师求学，留下“程门立雪”的千古佳话。

杨时从小是个神童，很会写文章，二十几岁就考中了进士。但他放弃高官厚禄，求学于程颢（hào）。程颢目送他归去时，曾有感而发：“吾道将南传了！”游酢年少时天资聪颖，过目成诵。程颐（yí）一见到他，就称赞他的资质可传承道统。杨时、游酢先拜程颢为师，程颢死后，他们已经40岁，早就考上了进士，仍然又向程颐继续求教。杨时和游酢初次拜见程颐，程颐正闭目静坐，二人恭敬的站立一旁等候。程颐发觉时，看着他们说：“你们还在这里啊？天晚了，回去休息吧！”一出门，才发现门外积雪已深及一尺。

【提示】尊师重教，我们中华民族千年不衰。国家要复兴，民族要昌盛，就一定要尊师重教。

每日一省

第十八节 释之敬长

每日一读

长者立，幼勿坐；长者坐，命乃坐。

【译文】长辈站着，晚辈就不能坐下；长辈坐着，命令你坐才可以坐下。

每日一得

听从父母教诲：孝和顺总是相联系的，没有顺也就没有孝。孝敬长辈，就应该听从长辈的正确教诲，不应随便顶撞，有不同想法和父母商量，应讲道理。

每日一小故事

释之敬长

张释之是汉朝著名的大臣，他非常尊重长辈。有一次，朝廷举行朝会，许多达官贵人都前来参加，场面十分热闹。这时有位叫王生的老人对张释之说："我袜子的带子松开了，给我绑好吧。"张释之二话没说，很坦然地跪下来，在众目睽睽之下恭恭敬敬地给这位老人绑好袜子。张释之身为高官，能具有礼贤下士，敬老尊贤的美德，群臣无不称赞，从此他的威信就更高了。

【提示】我们要发扬尊师这一优良传统，它不仅可以让我们学到更多的知识，还可以让我们获得别人的尊重。

每日一省

第十九节　闭门苦读

每日一读

尊长前，声要低；低不闻，却非宜。

【译文】在长辈面前，说话要轻声细语；但声音太小听不见，反而不适宜。

每日一得

对父母孝顺体贴，要言辞温婉，不顶撞父母，遇事与父母商量，即使受了委屈也要心平气和地解释，而不能与父母为敌。

每日一小故事

闭门苦读

清朝初期的著名学者、史学家万斯同参与编撰了我国重要史书《二十四史》。但万斯同小时候也是一个顽皮的孩子。万斯同由于贪玩，在宾客们面前丢了面子，从而遭到了宾客们的批评。万斯同恼怒之下，掀翻了宾客们的桌子，被父亲关到了书屋里。万斯同从生气、厌恶读书，到闭门思过，并从《茶经》中受到启发，开始用心读书。转眼一年多过去了，万斯同在书屋中读了很多书，父亲原谅了儿子，而万斯同也明白了父亲的良苦用心。万斯同经过长期的勤学苦读，终于成为一位通晓历史遍览群书的著名学者，并参与了《二十四史》之《明史》的编修工作。

【提示】读书是执着的追求，“书山有路勤为径”，我们要把“勤”当作路径；“学海无涯苦作舟”，读书是无悔的风帆，我们要把“苦”当作行舟。

每日一省

第二十节　虚左以待

每日一读

进必趋，退必迟；问起对，视勿移。
事诸父，如事父；事诸兄，如事兄。

【译文】到长辈面前要快步前进，告退时要放慢脚步；长辈问话要起立回答，注视长辈，不可东张西望。对待自己的叔叔伯伯，应该像对待自己的父亲一样；对待兄长辈的亲友，也应像对待自己的兄长一样。

每日一得

进父母房间要先敲门，经允许后进入，不得随意翻动父母的私人物品。外出或回到家要打招呼。出门必敬告去向，回家必面见父母，父母召唤，应立即答应并趋前承命。

每日一小故事

虚左以待

清廷派驻中国台湾的总督刘铭传，是建设中国台湾的大功臣，中国台湾的第一条铁路便是他督促修的。刘铭传的被任用，有一则发人深省的小故事：当李鸿章将刘铭传推荐给曾国藩时，还一起推荐了另外两个书生。曾国藩为了测验他们三人中谁的品格最好，便故意约他们在某个时间到曾府去面谈。可是到了约定的时刻，曾国藩却故意不出面，让他们在客厅中等候，暗中却仔细观察他们的态度。只见其他两位都显得很不耐烦似的，不停地抱怨；只有刘铭传一个人安安静静、心平气和地欣赏墙上的字画。后来曾国藩考问他们客厅中的字画，只有刘铭传一人答得出来。结果刘铭传被推荐为中国台湾总督。

【提示】没有耐性的人，必定缺乏坚毅持久、克服万难的精神，自然成就不了什么伟大的事业。我们希望将来能有所作为，首先便须磨炼自己的耐心和毅力。

每日一省

第二十一节　早走一点

每日一读

朝起早，夜眠迟；老易至，惜此时；

晨必盥，兼漱口；便溺回，辄净手。

【译文】为人子应早起，把握光阴及时努力，若经常晚睡、甚至熬夜，不但对身体健康不好，也影响白天正常的作息。岁月不待人，青春要珍惜（少壮不努力，老大徒悲伤）。早晨起床后，务必洗脸、刷牙、漱口使精神清爽，有一个好的开始。大小便后，一定要洗手，养成良好的卫生习惯，才能确保健康（防止肠病毒，要学会洗手，手心、手背、指缝间均要仔细搓洗）（陶渊明诗：盛年不重来，一日难再晨。及时当勉励，岁月不待人）。

每日一得

人生如酒，有时散淡，有时浓烈，在清醒和迷醉间了悟人生。

人生如烟，虚实相间，飘渺朗逸，在真真假假中雾里看花。

人生如梦，失落与成功相随，不经意的柳暗花明，刻意的会梦幻无期，理想和现实总是在水一方。

每日一小故事

早走一点

朋友，你想让青春无悔吗？你想让生活潇洒吗？你想让“美丽”永伴吗……那么，请君走在时间前面。

早上铃响后，不再磨磨蹭蹭，一骨碌爬起，出门时比平时早了几分钟，哦，你成功了，如果这成为习惯的话；午饭时，平时“尾食家”的你这次提早离席，哪怕只比一个人早，那么你成功了，如果这不是偶然的话……

走在时间的前面，还需要一种敢于启程的勇气。

给自己一份启程的勇气吧！不要再过多地找借口了。朋友，要想翻到墙那边去，请把帽子先丢过墙去，这样你的勇气自然就来了。

“明日复明日，明日何其多，我生待明日，万事成蹉跎。”不要让时光白白地在面前流失。你不想做鲁迅先生口中的“谋财害命”之人吧？朋友，“盛年不重来，一日难再晨。及时当勉励，岁月不待人。”到年逾花甲之时才猛然醒悟，后悔莫及，那才是“有心无力”，到那时，只能是“空悲切，白了少年头”！

青春最终经不起时间的洗礼而逝去，花容会凋谢，月貌会蒙上一片黑纱，没有一生伴你的美丽容颜。不过，只要你拥有一颗不老的心，那么你将一生青春相伴，美丽相伴。

朋友，请上路吧！带着启程的勇气，携上坚定不移的信念和坚持到底的意志，怀着年轻美丽的心上路吧！

每日一省

第二十二节　无鳔之鱼

每日一读

冠必正，纽必结；袜与履，俱紧切；
置冠服，有定位；勿乱顿，致污秽。

【译文】要注重服装仪容的整齐清洁，戴帽子要戴端正，衣服扣子要扣好，袜子穿平整，鞋带应系紧，否则容易被绊倒，一切穿着以稳重端庄为宜。回家后衣、帽、鞋袜都要放置定位，避免造成脏乱，要用的时候又要找半天（大处着眼，小处着手，养成良好的生活习惯，是成功的一半）。

每日一得

这世界到处都有才华横溢但贫穷潦倒的人，究其缘由不外乎：①不能把能力聚焦于有效目标；②没意识到才华不等于成功；③抱怨多；④想多做少；⑤大事干不了，小事不愿做；⑥缺乏团队精神；⑦无胆识，不敢玩命只玩阴招；⑧薄情寡义自私自利。

每日一小故事

无鳔之鱼

从前，有一个年轻人，因为家贫没有读多少书，他去了城里，想找一份工作。可是他发现城里没一个人看得起他，因为他没有文凭。就在他决定要离开那座城市时，忽然想给当时很有名的银行家罗斯写一封信。他在信里抱怨了命运对他是如何的不公。他说：“如果您能借一点钱给我，我会先去上学，然后再找一份好工作。”

信寄出去了，他便一直在旅馆里等，几天过去了，他用尽了身上的最后一分钱，也将行李打好了包。就在这时，房东说有他一封信，是银行家罗斯写来的。可是，罗斯并没有对他的遭遇表示同情，而是在信里给他讲了一个故事：

在浩瀚的海洋里生活着很多鱼，那些鱼都有鱼鳔，但是唯独鲨鱼没有鱼鳔。没有鱼鳔的鲨鱼照理来说是不可能活下去的。因为它行动极为不便，很容易沉入水底，在海洋里只要一停下来就有可能丧生。为了生存，鲨鱼拥有了强健的体魄，成了同类中最凶猛的鱼。

最后，罗斯说："这个城市就是一个浩瀚的海洋，拥有文凭的人很多，但成功的人很少。你现在就是一条没有鱼鳔的鱼……"

那晚，他躺在床上久久不能入睡，一直在想着罗斯的信。突然，他改变了决定。第二天，他跟旅馆的老板说，只要给一碗饭吃，他可以留下来当服务生，一分钱工资都不要。旅馆老板不相信世上有这么便宜的劳动力，很高兴地留了他。10 年后，他拥有了令全美国羡慕的财富，并且娶了银行家罗斯的女儿，他就是石油大王哈特。

【提示】有时阻止我们前进的不是贫穷，而是优越。

每日一省

第二十三节　齐白石学艺

每日一读

衣贵洁，不贵华；上循份，下称家；

对饮食，勿拣择；食适可，勿过则。

【译文】穿衣服需注重整洁，不必讲究昂贵、名牌、华丽。穿着应考量自己的身份及场合，更要衡量家中的经济状况，才是持家之道（不要为了面子，更不要让虚荣心作主，无谓的开销就是浪费）。日常饮食要注意营养均衡，多吃蔬菜水果，少吃肉，不要挑食，不可以偏食，三餐常吃八分饱，避免过量，以免增加身体的负担，危害健康。

每日一得

人，活得再精彩，也会有凄凉；路，走得再潇洒，也会有迷茫；歌，唱得再响亮，也会有冷场。人，各有各的位置、各有各的信仰。不要苛求他人，也不要太苛求自己，保持善良，做到真诚，宽容待人，严于律己，得与失，成和败，聚或散，都是人生的一种成长。看淡，心情才好；看开，日子才愉快。用坦然平静的心，面对一切顺境和逆缘，做好职业和人生规划！

每日一小故事

齐白石学艺

齐白石是我国现代书画家和篆刻家。但他原是一位雕花木工，只在余暇学画和篆刻。年轻时候的齐白石就特别喜爱篆刻，但他总是对自己的篆刻技术不满意。一次，他向一位老篆刻师虚心求教，老篆刻师对他说："你去挑一担础石回家，要刻了磨，磨了刻，等到这一担石头都变成了泥浆，那里你的印就刻好了。”于是，齐白石就按照老篆刻师的意思做了。他挑了一担础石来，一边刻，一边磨，一边拿古代篆刻艺术品来对照琢磨，就这样一直夜以继日地刻着。刻了磨平，磨平了再刻，手上不知起了多少个血泡。日复一日，年复一年，础石越来越少，而地上淤积的泥浆却越来越厚。最后，一担础石终于统统都“化石为泥”了。这坚硬的础石不仅磨砺了齐白石的意志，而且使他的篆刻技术也在磨练中不断长进，他刻的印雄健、洗练、独树一帜。渐渐地，他的篆刻技术达到了炉火纯青的境界。

27 岁那年，他的人生出现了重大转折。1889 年春节的一天，书画家胡沁园给齐白石出了个画题，让他画一张横披。作完后，胡沁园十分惊喜，遂即收齐白石为徒。他教齐白石读唐宋诗，并引导他看小说。齐白石非常珍惜这个机会，常常读到深夜。经过几个月的苦读，齐白石背熟了《唐诗三百首》，还研读了不少古文，浏览了许多古典名著。他作的诗也别具一格，具有唐风宋骨的韵味。胡沁园从“立意”“用笔”等基本功入手教授齐白石，还把自己珍藏的古今名画借给他观摩。齐白石眼界大开，他揣摩“八大山人”的作品，临摹、领会其用笔之妙，吸取百家之长，绘画技艺突飞猛进，不足一年就掌握了山、水、人、物、花、鸟的基本画法和技巧。在老师的言传身教下，他苦练书法和刻印。短短几年时间，齐白石在绘画、篆刻、吟诗、书法、装裱等方面都取得了惊人的进展，成为名满天下的书画家。

每日一省

第二十四节　积少成多

每日一读

年方少，勿饮酒；饮酒醉，最为丑；

步从容，立端正；揖深圆，拜恭敬。

【译文】饮酒有害健康，要守法，青少年未成年不可以饮酒。成年人饮酒也不要过量，试看醉汉疯言疯语，丑态毕露，惹出多少是非？（论语：“食不厌精，脍不厌细。”夫子劝勉我们：食物不要过分讲求精美，烹调不要过分要求细致）（老子说：圣人为腹不为目。饮食是为了吃饱肚子，不是为了满足口目）当今的文明病例如：癌症、糖尿病等多为营养过多与营养失衡所造成。应注意过分加工，太精致的食品，都含有化学添加物，有害健康，不宜食用。走路时步伐应当从容稳重，不慌不忙，不急不缓；站立时要端正有站相，须抬头挺胸，精神饱满，不可以弯腰驼背，垂头丧气（立如松，行如风，坐如钟，卧如弓）。问候他人时，不论鞠躬或拱手都要真诚恭敬，不能敷衍了事。

每日一得

生命不需要泡沫，人生也要求效率。与品德高尚的人在一起最大的福分在于，他们可以帮助你拥有更有意义、更加凝聚的生命历程，他们周围没有庸人的负影响，有的只是可以激励你精进、完善、提升的巨大正能量。

每日一小故事

积少成多

李贺是中唐著名的诗人，又是中唐诗风转变的一个代表者。李贺热爱诗歌，视诗歌为生命的一部分，为了把诗写好，他每天起得很早，背上饭和锦囊，骑上一匹瘦马，沿着一条小溪漫游。一路上，他细心观察和了解自然景物，即景吟诗，每逢想出佳句就写在纸条上，放入锦囊之中。母亲看着儿子那装满记有诗句纸条的锦囊，十分心疼地说："唉呀！孩子啊，你把心呕出来才罢休吗?" 可是李贺并不觉得辛苦，反而从中感到很多乐趣，后来在李贺的不辞辛劳、精雕细琢下，他的诗篇千年传颂。

宋代著名诗人梅尧臣，凡外出游玩或访亲友会时，总是随身带着一个号称"诗袋"的布袋，看什么新鲜的事或美丽的风景，有的得句，有的成诗，立即用笔在纸上记下，投入袋中。长此以往，梅尧臣的诗作获得了很高的成就。

与李贺、梅尧臣相映成辉的是元末明初的文学家陶宗仪，他积累资料的办法既不是"锦囊"和"诗袋"，也不是现代的"卡片箱"，而是一只奇妙的"瓦罐"。他曾在松江隐居过，那时，他一边参加农业劳动，一边利用休息时间在树阴下捋摘树叶，记录他的所见所闻、所思所想，然后将这些"树叶"放到家中的瓦罐里。日积月累，年复一年，10 年间积累了几十大罐。后来，他用这些资料写成了一部共有 30 卷的巨著《南村辍耕录》。

我国在作家老舍先生的"百宝囊"里储存着人物的语言、性格、外貌……写作时需要什么就到这个"囊"里面找，可方便！

【提示】做笔记：可以帮助记忆，俗话说"好记性不如烂笔头"；可以积累材料——学问越积越多；可以出成果——博采百花酿纯蜜。这些大文学家的好习惯为他们铺就了日后的成才之路，愿我们也能做个有心人，不断丰富自己的"锦囊""诗袋""瓦罐""百宝囊"——材料"仓库"，如此坚持下去，一定不会再为"没啥可写"而发愁。

每日一省

第二十五节　以静制动

每日一读

勿践阈，勿跛倚；勿箕踞，勿摇髀；
缓揭帘，勿有声；宽转弯，勿触棱。

【译文】进门时脚不要踩在门槛上，站立时身体也不要站得歪歪斜斜的，坐的时候不可以伸出两腿，腿更不可以抖动，这些都是很轻浮、傲慢的举动，有失君子风范。进入房间时，不论揭帘子、开门的动作都要轻一点、慢一些，避免发出声响。在室内行走或转弯时，应小心不要撞到物品的棱角，以免受伤。

每日一得

人生不易，珍惜拥有，感谢经历！每个优秀的人，都有一段沉默的时光。那段时光，是付出了很多努力，忍受孤独和寂寞，不抱怨不诉苦，日后说起时，连自己都能被感动的日子。唯累过，方得闲。唯苦过，方知甜。

每日一小故事

以静制动

东晋时期，前秦苻坚统一北方后，决心调集百万大军，乘势一举消灭东晋，统一全中国。在这股强大军事势力的打击下，东晋的许多将领相继败退，朝中大臣惶恐不安。

当时，只有宰相谢安处变不惊，他派侄儿谢玄率八万晋军去迎敌。上阵之前，当谢玄向他询问退敌之计，他回答："一切已安排妥当。"

谢玄不敢再多问，但又放心不下，只好再派张玄继续询问。谢安见到张玄，仍然不谈军事，却要张玄和他下围棋。平日里下棋，总是张玄赢得多。当时，张玄为军情而担忧，心神不定，很快就输给了谢安。下完棋，谢安又出外游玩到深夜才回家。之后，他才召集众将领，分派任务，面授机宜。

很多人都不理解谢安的举动。但是，正因为他镇定自若，再加上军力布置得当，才在其后的淝水大战中，最终战胜了前秦军队。

捷报传来时，谢安正与宾客下棋，他看到战报后不发一言。宾客问他发生了何事，他才慢条斯理地答道："小子们已经打败了贼军（指前秦军队）。"

每逢大事有静气；事态越紧急，心态越要镇定。少一点躁动，多一点静气！人生会更加美好！

每日一省

第二十六节　天道酬勤

每日一读

执虚器，如执盈；入虚室，如有人；
事勿忙，忙多错；勿畏难，勿轻略。

【译文】拿东西时要注意，即使是拿着空的器具，也要像里面装满东西一样，小心谨慎以防跌倒或打破；进入无人的房间，也要像有人在一样，不可以随便；做事不要急急忙忙慌慌张张，因为忙中容易出错；不要畏苦怕难而犹豫退缩，也不可以草率，随便应付了事。

每日一得

人生常常有这样的时候，欣赏太阳的光芒，喜欢朦胧的月亮，满天闪烁的星星也给我们美好的向往。你选择了白天，心里充满阳光，选择了黑夜，月明星稀徒有哀伤。只要有选择就会有方向，朝着一个方向走，东西南北全是理想。人生就怕没了方向，如一叶浮萍，随风飘荡，如一叶小舟，找不到靠岸的港！

每日一小故事

天道酬勤

曾国藩是中国历史上最有影响的人物之一，但他小时候的天赋却不高。有一天在家读书，对一篇文章重复不知道多少遍了，因为他还没有背下来。这时候他家来了一个贼，潜伏在他的屋檐下，希望等读书人睡觉之后捞点好处。可是等啊等，就是不见他睡觉，还是翻来覆去地读那篇文章。贼人大怒，跳出来说："这种水平读什么书?"然后将那文章背诵一遍，扬长而去！

曾先生后来启用了一大批人才，按说这位贼人与曾先生有一面之交，大可去施展一二，可惜他的天赋没有加上勤奋，名不经传变得不知所终，他只能成为贼，而曾先生却成为毛泽东主席都钦佩的人——近代最有大夫本源的人。

【提示】勤能补拙是良训，伟大的成功和辛勤的劳动是成正比的，有一分劳动就有一分收获，日积月累，奇迹就可以创造出来。没有人能只依靠天分成功，上天给予了天分，勤奋将天分变为天才。

每日一省

第二十七节 野狼磨牙

每日一读

斗闹场，绝勿近；邪僻事，绝勿问。

【译文】凡是容易发生争吵打斗的不良场所，如赌博、色情等是非之地，要勇于拒绝，不要接近，以免受到不良的影响；一些邪恶下流，荒诞不经的事也要谢绝，不听、不看，不要好奇地去追问，以免污染了善良的心性。

每日一得

现在的小孩或者学生乃至成人缺乏的就是主见。有主见是做人的基本要求，也是做人的核心。主见是衡量人能否成为教育目标人的标准。教育目标人是什么呢？是教育应该把人培养成为什么人。中国教育目标人是什么呢？可能没有几个人说得清楚。中国教育目标是模糊的，这样不可能搞好教育。应该反省一下，中国教育在培养人的主见方面上做了什么呢？有哪些应该补救呢？家长们更应该反省一下，自己在对培养小孩的主见上做了什么？缺乏主见能力将会影响儿女一辈子。

现在中国人普遍缺乏主见能力，尽是一些跟随见解。

每日一小故事

野狼磨牙

一只野狼卧在草上勤奋地磨牙，狐狸看到了，就对它说："天气这么好，大家在休息娱乐，你也加入我们队伍中吧！"野狼没有说话，继续磨牙，把它的牙齿磨得又尖又利。狐狸奇怪地问道："森林这么静，猎人和猎狗已经回家了，老虎也不在近处徘徊，又没有任何危险，你何必那么用劲磨牙呢？"野狼停下来回答说："我磨牙并不是为了娱乐，你想想，如果有一天我被猎人或老虎追逐，到那时，我想磨牙也来不及了，而平时我就把牙磨好，到那时就可以保护自己了。"

【提示】做事应该未雨绸缪，居安思危。"书到用时方恨少"，平常若不充实学问，临时抱佛脚是来不及的；也有人抱怨没有机会，然而当机会来临时，再叹自己平时没有积蓄足够的学识与能力，以致不能胜任，也只好后悔莫及。记住"机会青睐有准备的人"。

每日一省

第二十八节　不沉的船

每日一读

将入门，问孰存；将上堂，声必扬；

人问谁，对以名；吾与我，不分明。

【译文】将要入门之前，应先问："有人在吗？"不要冒冒失失就跑进去；进入客厅之前，应先提高声音，让屋内的知道有人来了；如果屋里的人问："是谁呀？"应该回答名字，而不是："我！我！"让人无法分辨我是谁？

每日一得

【人生要交的四位朋友】

1. 交一个欣赏你的朋友，在你穷困潦倒的时候安慰你帮助你。
2. 交一个有正能量的朋友，在你情绪低落的时候陪伴你鼓励你。
3. 交一个为你领路的朋友，自愿做你的垫脚石，带你走过泥泞、迷雾。
4. 交一个肯批评你的朋友，时刻提醒你，监督你，让你时刻发现自己的不足。

每日一小故事

不沉的船

英国劳埃德保险公司曾从拍卖市场买下一艘船，这艘船 1894 年下水，在大西洋上曾 138 次遭遇冰山，116 次触礁，13 次起火，207 次被风暴扭断桅杆，然而它从没有沉没过。劳埃德保险公司基于它不可思议的经历及在保费方面带来的可观收益，最后决定把它从荷兰买回来捐给国家。现在这艘船就停泊在英国萨伦港的国家船舶博物馆里。不过，使这艘船名扬天下的却是一名来此观光的律师。当时，他刚打输了一场官司，委托人也于不久前自杀了。尽管这不是他的第一次失败辩护，也不是他遇到的第一例自杀事件，然而，每当遇到这样的事情，他总有一种负罪感。他不知该怎样安慰这些在生意场上遭受了不幸的人。当他在萨伦船舶博物馆看到这艘船时，忽然有一种想法，为什么不让他们来参观参观这艘船呢？于是，他就把这艘船的历史抄下来和这艘船的照片一起挂在他的律师事务所里，每当商界的委托人请他辩护，无论输赢，他都建议他们去看看这艘船。它使我们知道：在大海上航行的船没有不带伤的。

【提示】虽然屡遭挫折，却能够坚强地百折不挠地挺住，这就是成功的秘密。

每日一省

______

______

______

第二十九节　拿破仑和士兵

每日一读

用人物，须明求；倘不问，即为偷。

借人物，及时还；后有急，借不难。

【译文】想要使用别人的东西时，必须当面向人家提出请求，以便征得别人同意；假如不问一声就拿走，这就是偷盗。借别人的东西，要爱惜使用并准时归还。这样以后若有急用，再借就不难了（谚云：好借好还，再借不难）。

每日一得

一个人想成功首先要提升自己成功的渴望。如果你还属于一个喜欢说“我想要”“我希望”“我需要”“我会争取”的人，那么从现在开始，就学会说“我一定要”“我肯定要”“我绝对要”“我必须要”“我会全力以赴”！

每日一小故事

拿破仑和士兵

一天，拿破仑去检阅他的部队。正走着，他忽然听到远处传来一阵紧急的呼救声。于是，拿破仑急忙向呼救的地方奔去。走到湖边，拿破仑看到一个士兵正在水里手忙脚乱地挣扎，离岸越来越远。岸上的几个士兵则惊惶失措地大声呼喊。拿破仑问身边的士兵：“他会游泳吗？”一个士兵答道：“他只能比划几下，现在已不行了。陛下，怎么办？”显然，大家都在为水里的士兵担心着。拿破仑马上从侍卫手里拿过一支步枪，并冲落水的士兵大声喝道：“你再不向岸边游来，我就开枪了！”话音刚落，拿破仑真的端起枪，朝那人的前方连开了两枪。落水者听到枪响后，在惊恐中急忙调转方向，“扑通、扑通”地朝拿破仑所站的湖边游来。不一会儿，他便游到了岸边。落水的士兵得救了，他转过身子，正打算痛骂向自己开枪的人，却发现持枪站立者竟是皇帝。于是他吓得魂飞魄散，但他仍不解地问：“陛下，我不小心掉进湖里，就快要淹死了，您为什么还要朝我开枪？”拿破仑笑道：“不吓你一下，你还有能力游上岸吗？那你才会真的淹死呢！”士兵们恍然大悟。

【提示】实现理想需要渴望。渴望是成功的萌发点，把渴望转化为行动才能使之变成现实。

每日一省

____

____

____

第三十节 折断的箭

每日一读

日日是好日，时时是好时，口说好话，心想好念，身做好事，脚走好路，祝福大家福慧双修！不抱怨的世界因有我们每一刻的感恩而更精彩！

因贪念而侵夺他人，实则伤害自己的人格。能放下身段，才有伟大的人格。

每日一得

一只小猪、一只绵羊和一头乳牛，被关在同一个畜栏里。有一次，牧人捉住小猪，它大声号叫，猛烈地抗拒。绵羊和乳牛讨厌它的号叫，便说："他常常捉我们，我们并不大呼小叫。"小猪听了回答道："捉你们和捉我完全是两回事，他捉你们，只是要你们的毛和乳汁，但是捉住我，却是要我的命呢！"

立场不同、所处环境不同的人，很难了解对方的感受；因此对别人的失意、挫折、伤痛，不宜幸灾乐祸，而应要有关怀、了解的心情，要有宽容的心！

每日一小故事

折断的箭

春秋战国时代，一位父亲和他的儿子出征作战。父亲已做了将军，儿子还只是马前卒。又一阵号角吹响，战鼓雷鸣，父亲庄严地托起一个箭囊，其中插着一支箭。父亲郑重对儿子说："这是家袭宝箭，带在身边，力量无穷，但千万不可抽出来。"那是一个极其精美的箭囊，厚牛皮打制，镶着幽幽泛光的铜边儿，再看露出的箭尾，一眼便能认定用上等的孔雀羽毛制作。儿子喜上眉梢，贪婪地推想箭杆、箭头的模样，耳旁仿佛嗖嗖地箭声掠过，敌方的主帅应声折马而毙。果然，带着宝箭的儿子英勇非凡，所向披靡。当鸣金收兵时，儿子再也禁不住得胜的豪气，完全背弃了父亲的叮嘱，强烈的欲望驱赶着他呼一声就拔出宝箭，试图看个究竟。骤然间他惊呆了。一支断箭，箭囊里装着一支折断的箭。

我一直挎着支断箭打仗呢！儿子吓出了一身冷汗，仿佛顷刻间失去支柱，轰然意志坍塌了。

结果不言自明，儿子惨死于乱军之中。

拂开蒙蒙的硝烟，父亲拣起那支断箭，沉重地啐一口道："不相信自己的意志，永远也做不成将军。"

把胜败寄托在一支宝箭上，多么愚蠢，而当一个人把生命的核心与把柄交给别人，又多么危险！比如把希望寄托在别人身上；把幸福寄托在他人身上；把生活保障寄托在国家身上……

【提示】自己才是一支箭，若要它坚韧，若要它锋利，若要它百步穿杨，百发百中，磨砺它、拯救它的都只能是自己。

每日一省

第三十一节 诚信状元

每日一读

凡出言，信为先；诈与妄，奚可焉。
话说多，不如少；惟其是，勿佞巧。

【译文】凡是说出的话，首先要真实不虚、讲求信用；说谎话骗人、胡言乱语都是不可以的。说话多不如说话少，因为言多必有失；说的话要恰当在理、符合实际，千万不要花言巧语，否则人家只会讨厌你。

每日一得

中国古代科举制度

科举是中国古代的读书人所参加的人才选拔考试。魏晋以来，官员大多从各地高门权贵的子弟中选拔。权贵子弟无论优劣，都可以做官。许多出身低微但有真才实学的人，却不能到中央和地方担任高官。为改变这种弊端，隋文帝开始用分科考试来选拔人才。隋炀帝时期正式设置进士科，考核参选者对时事的看法，按考试成绩选拔人才。我国科举制度正式诞生。科举是历代封建王朝通过考试选拔官吏的一种制度。由于采用分科取士的办法，所以叫作科举。科举制从隋朝大业元年（605 年）开始实行，到清朝光绪三十一年（1905 年）举行最后一科进士考试为止，经历了 1300 多年。

科举制度在中国历史上起过重大的积极作用，具有进步意义。

每日一小故事

诚信状元

王拱辰是宋朝人，自幼家境贫寒，父亲在他很小的时候就去世了，留下无依无靠的母亲和四个孩子。王拱辰是长子，于是他就和母亲一起挑起家庭的重担。王拱辰孝顺母亲，生活俭朴，诚实守信，常受乡里人夸奖。他还喜欢读书，而且非常刻苦，经常是天不亮就起床，甚至是半夜醒来也要翻一翻书。

王拱辰多年努力，参加了乡试和会试，成绩都很优秀。公元1030年，他到京城参加皇帝宋仁宗亲自主持的殿试。皇上认真审阅了每一个考生的考卷，发现王拱辰的文章立论新颖，见解独到，文笔流畅，没有人比得上他，于是就把王拱辰定为状元。

第二天，宋仁宗把考中前三名的书生都召集到大殿上，在早朝上当着文武百官的面宣布考中前三名的名单。其他两个书生都赶紧跪下磕头谢恩，王拱辰不但没有谢恩，反而说："陛下，小生不配当状元，请您把状元配给别人吧！"

金殿上的人都议论纷纷，科举考试已有四五百年的历史了，从没听说哪个人把到手的状元外推，这真是天下奇闻。

皇上宋仁宗听了也很纳闷，就询问原因。

王拱辰说："陛下，我也是十年寒窗苦读，做梦都想中状元。但这次被选上状元实属侥幸，其实我的知识还很欠缺，怕不能为您分忧解愁。如果我默不作声当上了状元，我就是不诚实。从小到大我都没有说过谎话。我不想因为想当状元，就败坏自己的节操。"

宋仁宗听了，非常受感动，特别赏识王拱辰的诚实，认定他将来一定会成为国家的栋梁之才。于是宋仁宗就说："此前做过考题，是因为你勤奋，况且从你的文章里可以看出，你表达的是自己的真实想法，理应当选为状元。再说，你敢于说真话，能够诚信做人，这才是一个堂堂状元应该具有的品质，你的诚实比你的才华更可贵。因此，朕一定要选你做状元，你就不要推辞了。"

就这样，王拱辰成为历史上有名的诚信状元。他在朝中做官55年，以自己诚实正直的品格和惊人的才华，得到百姓和官员们的尊敬和爱戴。

每日一省

第三十二节 鹑衣鹄面

每日一读

奸巧语，秽污词；市井气，切戒之。

【译文】虚伪狡诈、尖酸刻薄、下流肮脏的话，千万不能说；阿谀奉承等粗俗的市侩习气，都要彻底戒除掉。

每日一得

隋朝——中国古代科举制度的起源

中国古代科举制度最早起源于隋代。隋朝统一全国后，隋文帝为了适应封建经济和政治关系的发展变化，为了扩大封建统治阶级参与政权的要求，加强中央集权，于是把选拔官吏的权力收归中央，用科举制代替九品中正制。据史载，开皇三年（583 年）正月，隋文帝曾下诏举“贤良”。开皇十八年（598 年）七月，又令京官五品以上，总管，刺史，以“志行修谨”“清平干济”二科举人。隋炀帝大业三年（607 年）四月，诏令文武官员有职事者，可以“孝悌有闻”“德行敦厚”“结义可称”“操履清洁”“强毅正直”“执宪不饶”“学业优敏”“文才秀美”“才堪将略”“膂力骄壮”等 10 科举人。大业五年（609 年）正月，又诏令诸郡以“学业该通，才艺优洽”“膂力骄壮，超绝等伦”“在官勤慎，堪理政事”“立性正直，不避强御”等 4 科举人。这些虽都是临时取人之法，尚未形成制度，但分科举人的特征，已具科举制的雏形。大业年间，隋炀帝还曾设置“明经”“进士”二科，并以“试策”取士，这标志着科举制已经诞生了。

每日一小故事

鹑衣鹄面

山东省淄川（现淄博）人蒲松龄先生，留下了一部洋洋洒洒数十万字的《聊斋志异》。这位蒲先生 19 岁初应童子试，以县、府、道 3 个第一名补博士弟子员，可惜屈屈考之不中。他没有过上官瘾，心里不甘，依旧 3 年一届，按时前去赴考。考呀，考呀，一直考到 71 岁，连胡子都通根白了，主考官看他实在可怜，才援例让他当了个贡生。满腔悲愤无处发泄，在艰难的时世中，蒲先生逐渐认识到“仕途黑暗，公道不彰”。把他心中的万般不平，寄托在小说创作之中，写出了他那部永垂青史的《聊斋志异》。

唐伯虎 16 岁在原籍苏州府考上头名秀才，明孝宗弘治十二年，梁储梁大人莅临南京主持乡试，录取他做了头名解元。第二年，唐解元得意洋洋进京会试。唐伯虎要想中试，心中难免也有一点紧张。心中无底就去探主考官的底。唐伯虎因科场舞弊案受牵连，功名受挫，又遭家难，经历坎坷，昔日的故交好友避而不见，连老婆也对他翻白眼。人情淡薄，世态炎凉。不得不去城外筑起座桃花庵，自号作“六如居士”，卖书卖画度日。

每日一省

第三十三节　三丝坠地

每日一读

见未真，勿轻言；知未的，勿轻传。
事非宜，勿轻诺；苟轻诺，进退错。

【译文】看到的事情没有弄能够清楚，不要随便乱说，轻易发表意见；听来的事情没有根据，不要随便乱传，以免造成不良后果。对于自己认为不妥当的事情，不能随便地答应别人；假如你轻易许诺，就会进退两难。

每日一得

唐朝——中国古代科举制度的完备

推翻隋朝的统治后，唐王朝的帝王承袭了隋朝传下来的人才选拔制度，并做了进一步的完善。由此，科举制度逐渐完备起来。唐太宗、武则天、唐玄宗是完善科举制的关键人物。在唐朝，考试的科目分常科和制科两类。每年分期举行的称常科，由皇帝下诏临时举行的考试称制科。

常科的科目有秀才、明经、进士、俊士、明法、明字、明算等50多种。其中明法、明算、明字等科，不为人重视。俊士等科不经常举行，秀才一科，在唐初要求很高，后来渐废。所以，明经、进士两科便成为唐代常科的主要科目。唐高宗以后进士科尤为时人所重。唐朝许多宰相大多是进士出身。常科的考生有两个来源，一个是生徒，一个是乡贡。由京师及州县学馆出身，而送往尚书省受试者叫生徒；不由学馆而先经州县考试，及第后再送尚书省应试者叫乡贡。由乡贡入京应试者通称举人。州县考试称为解试，尚书省的考试通称省试，或礼部试。礼部试都在春季举行，故又称春闱，闱也就是考场的意思。

常科考试最初由吏部考功员外郎主持，后改由礼部侍郎主持，称“权知贡举”。进士及第称“登龙门”，第一名曰状元或状头。同榜人要凑钱举行庆贺活动，以同榜少年二人在名园探采名花，称探花使。要集体到杏园参加宴会，叫探花宴。宴会以后，同到慈恩寺的大雁塔下题名以显其荣耀，所以把又把中进士称为“雁塔题名”。唐孟郊曾作《登科后》诗：“春风得意马蹄疾，一朝看尽长安花。”所以，春风得意又成为进士及第的代称。常科登第后，还要经吏部考试，叫选试。合格者，才能授予官职。唐代大家柳宗元进士及第后，以博学宏词，被即刻授予“集贤殿正字”。如果吏部考试落选，只能到节度使那儿去当幕僚，再争取得到国家正式委任的官职。

在唐代还产生了武举。唐玄宗时，诗赋成为进士科主要的考试内容。他在位期间，曾在长安、洛阳宫殿八次亲自面试科举应试者，录取了很多很有才学的人。

每日一小故事

三丝坠地

明朝，首登状元的福建人是丁显。会试时，会元（第一名）为江西人黄子澄，第二名为江西人练子宁，丁显名列第三。殿试时，丁显的文章写得最好，跃居第一，练子宁仍列第二，而黄子澄退居第三。相传在将要公布名次的前夜，皇帝朱元璋夜梦“三丝坠地”。醒来后，对鼎甲三及第的姓名进行查核，发现丁显的“显”（繁体为顯）和练子宁的姓都含有“丝”字，而黄子澄的姓名与“丝”无关。为了应梦，在二甲中找到一位名字含有“丝”的花纶来取代黄子澄，正要下旨意，忽然发觉丁显的“显”字含有两个“丝”字，合练子宁，已经是“三丝”了，再加上花纶，不就成了“四丝”了，于是，只好作罢，按原定名次公布：状元丁显，榜眼练子宁，探花黄子澄。

每日一省

第三十四节 相如无忌

每日一读

凡道字，重且舒；勿急疾，勿模糊。

【译文】说话的时候，吐字要清楚、缓慢；不能讲得太快，也不能讲得含糊不清，使人家听不明白。

每日一得

宋朝——中国古代科举制度的改革时期

宋代的科举，大体同唐代一样，有常科、制科和武举。相比之下，宋代常科的科目比唐代大为减少，其中进士科仍然最受重视，进士一等多数可官至宰相，所以宋人以进士科为宰相科。宋吕祖谦说："进士之科，往往皆为将相，皆极通显。"当时有焚香礼进士之语。进士科之外，其他科目总称诸科。宋代科举，在形式和内容上都进行了重大的改革。

宋代的科举放宽了录取和作用的范围。宋代进士分为三等：一等称进士及第；二等称进士出身；三等赐同进士出身。由于扩大了录取范围，名额也成倍增加。唐代录取进士，每次不过二三十人，少则几人、十几人。宋代每次录取多达二三百人，甚至五六百人。对于屡考不第的考生，允许他们在遇到皇帝策试时，报名参加附试，叫特奏名。也可奏请皇帝开恩，赏赐出身资格，委派官吏，开后世恩科的先例。

每日一小故事

相如无忌

明代文学家李梦阳，有一年督学江西，担任主考官，发现应试秀才的花名册上有一考生与他同名，感到可笑，于是在唱名时，朝那同名秀才幽了一默："小老弟与本官同名，真乃巧事，本官理当照顾。这样吧，我出一联让你来对，倘能当堂应对，你就算中举了。倘若对答不上，就请回去再苦读三年，下届乡试再来。"那秀才也算是一位满腹文才的孔门儒生，听后微笑答曰："大人倘出言不悔，请出句。"李梦阳出了那精心构思的诙谐上联："蔺相如，司马相如，名相如，实不相如。"此上联以其名同人不同，切合自己与那同名考生，暗含揶揄之意。那考生听后一沉吟，拱手便对："魏无忌，长孙无忌，尔无忌，吾亦无忌。"此下联以其名"无忌"，双关两方不要忌讳。李梦阳十分欣赏这考生的才智，当即点其为本科举人，后来予以重用。

每日一省

第三十五节　钦点探花

每日一读

彼说长，此说短；不关己，莫闲管。

【译文】东家说长，西家说短，别人的是非很难弄清楚；与自己的正经事没有关系的，不要去多管。否则，不但搅乱了别人，也有损自己的德行。

每日一得

宋代确立了三年一次的三级考试制度。宋初科举，仅有两级考试制度。一级是由各州举行的取解试，一级是礼部举行的省试。宋太祖为了选拔真正踏实于封建统治而又有才干的人担任官职，为之服务，于开宝六年实行殿试。自此以后，殿试成为科举制度的最高一级的考试，并正式确立了州试、省试和殿试的三级科举考试制度。殿试以后，不须再经吏部考试，直接授官。宋太祖还下令，考试及第后，不准对考官称师门，或自称门生。这样，所有及第的人都成了天子门生。殿试后分三甲放榜。南宋以后，还要举行皇帝宣布登科进士名次的典礼，并赐宴于琼苑，故称琼林宴，以后各代仿效，遂成定制。宋代科举，最初是每年举行一次，有时一二年不定。宋英宗治平三年，才正式定为三年一次。每年秋天，各州进行考试，第二年春天，由礼部进行考试。省试当年进行殿试。

从宋代开始，科举开始实行糊名和誊录，并建立防止徇私的新制度。从隋唐开科取士之后，徇私舞弊现象越来越严重。对此，宋代统治者采取了一些措施，主要是糊名和誊录制度的建立。糊名，就是把考生考卷上的姓名、籍贯等密封起来，又称“弥封”或“封弥”。宋太宗时，根据陈靖的建议，对殿试实行糊名制。后来，宋仁宗下诏省试、州试均实行糊名制。但是，糊名之后，还可以认识字画。根据袁州人李夷宾建议，将考生的试卷另行誊录。考官评阅试卷时，不仅不知道考生的姓名，连考生的字迹也无从辨认。这种制度，对于防止主考官徇情取舍的确产生了很大的效力。但是，到了北宋末年，由于政治日趋腐败，此项制度也就流于形式了。宋代在考试形式上的改革，不但没有革除科举的痼疾，反而使它进一步恶化。

每日一小故事

钦点探花

清代乾隆年间，江西萍乡有位寒窗苦读的勤奋儒生叫刘凤诰，不到 20 岁不仅已熟读四书五经，对唐诗宋词也造诣颇深，背诵如流，因而县试、乡试、会试连连及第。然而刘凤诰相貌丑陋，又只有一只眼睛。按照当时规定，五官不全者是不能及第入仕的。事又凑巧，这次会试的主考是位爱才之辈，他硬着头皮禀告了皇上。乾隆帝为避以貌取人之讳，决定亲临保和殿。是日，乾隆帝高坐在御椅上，骄矜而笑，口占上联令刘凤诰应对：“独眼不登龙虎榜。”这上联既含讥讽，又大泼了冷水。才华横溢的刘凤诰挺胸昂首，接口便对："半月依旧照乾坤！"乾隆帝见其如此气魄，暗自惊叹，复又出句令对："东启明，西长庚，南箕北斗，朕乃摘星汉！"刘凤诰不卑不亢，当即应答曰："春牡丹，夏芍药，秋菊冬梅，臣是探花郎！"乾隆帝见其才思如此敏捷，且对仗工整，韵律和谐，不禁龙颜大悦，当即御笔一圈，钦点刘凤诰为殿试探花，登上金榜。

每日一省

第三十六节 古准考证

每日一读

见人善，即思齐；纵去远，以渐跻。

见人恶，即内省；有则改，无加警。

【译文】看到了别人的善行，就要想到自己也应该努力去做到；即他和他差距很远，只要肯努力，渐渐也能赶上他。看到了别人的恶行，要立刻反省自己；如果发现自己也有，就要马上改正；如果没有，也要引起警惕，防止自己犯同样的过错。

每日一得

宋代的科考分为三级：解试（州试）、省试（由礼部举行）和殿试。解试由各地方进行，通过的举人可以进京参加省试。省试在贡院内进行，连考三天。为了防止作弊，考官俱为临时委派，并由多人担任。考官获任后要即赴贡院，不得与外界往来，称为锁院。考生到达贡院后，要对号入座，同考官一样不得离场。试卷要糊名、誊录，并且由多人阅卷。而殿试则于宫内举行，由皇帝亲自主持及定出名次。自宋代起，凡于殿试中进士者皆即授官，不需要再经吏部选试。

南、北宋 320 年，总共开科 118 次。取进士 2 万人以上。

每日一小故事

古准考证

在古代，准考证称为"浮票"。现在的准考证都有考生的照片，是为了便于监考官验明考生身份。然而，古代如何验明考生真相呢？

清朝参加科举的考生，考试前每人发一张"票据"和"座位便览"。为防止代考，准考证详细地记载着考生的身高、有无胡须、胎痣等特征。

《履国丛话》记载一个故事：有位叫胡希吕的"朝廷视学"在南京巡视考务，核对

“相貌图”时，把上面“微须”的“微”字解为“无”字。所以，凡是脸上有“微须”的考生都被他审定为“人、图不符”，赶出考场。这可急坏了那些有“微须”的考生，他们同胡希吕争辩起来。胡希吕固执己见，怒斥学生：“汝等竟不知‘微’作‘无’解耶?”

一个“微须”的考生一听，哈哈一笑，反驳道：“依您之见，孔子曾微服外出，是不是把衣裤脱个精光外出？当今圣上下江南均‘微服私访’，该如何解释?”胡希吕被驳斥得无言以对，十分尴尬，只得让那些“微须”的考生重新进入考场。

某收藏家曾展示过一张清代科举准考证。准考证上不仅写有应试者的曾祖、祖父、父亲、老师及邻居的名字，还需要两位保人画押。看来古代查验考生身份非常不易。

每日一省

____

____

____

第三十七节　考试趣闻

每日一读

唯德学，唯才艺；不如人，当自砺。

若衣服，若饮食；不如人，勿生戚。

【译文】 做人最要紧的是自己的道德、学问、才能和技艺，这些方面不如人家，就要不断勉励自己，尽力赶上。如果吃的、穿的不如人家，用不着忧愁悲伤。这不是什么不光彩的事，因为做人最重要的是品德的修养。

每日一得

元朝——科举制度的暂停时

蒙古人不着重开科取士，灭宋后一度不举办科举，至元仁宗延祐二年（1315 年）才再次开办。

元代的科举制度基本沿袭宋代，用“经义”“经疑”为题述文。科举分为地方的乡试和在京师进行的会试及殿试。元代科举只考一科，但分成左右榜。右榜供蒙古人、色目人应考；乡试时只考两场，要求相对较简单。左榜供汉人、南人应考，乡试时考三场，要求相对较严格。乡试、会试考获名单俱按种族分配。

元朝自仁宗时始至顺帝时灭亡止，科举时办时废，共举办过 16 次，取士 1000 余人。但元科举所选人才通常并没有受到足够的重视，在元政府中产生的影响也不大。

每日一小故事

考试趣闻

A 君在做语文试卷时，被一道填空题“《这里的黎明静悄悄》的作者是谁”难住。

苦思良久，A 君毅然在空栏上写着“霍利菲尔德”。

一旁的监考老师笑问：“怎么不写泰森呢？”

A 君道：“他的名字太短了，不像！”

B 君在作文中要描述一个人的外貌，遇一字不会，遂悄声问同桌：“一副眼镜的‘副’字怎么写？”

同桌告诉他：“就是一副跳棋的‘副’嘛。”

后老师批阅 B 君的作文，见上面写道：“他高高的鼻梁上架着一副跳棋。”

考试那天，C 君在他花花公子（PLAYBOY）牌的裤子里放了一张作弊的纸条。靠着这张纸条，C 君答出了大部分英文填空题，但最后一个填空题涉及美国总统的名字。C 君不时地往裤兜里瞄，最后下定决心，飞快地写上：PLAYBOY。

每日一省

第三十八节　连中三元

每日一读

闻过怒，闻誉乐；损友来，益友却；
闻誉恐，闻过欣；直谅士，渐相亲。

【译文】听到别人说自己的过错就生气，听到别人称赞恭维自己就高兴，那么，有损德行的朋友就会来与你接近，对你有益的朋友就会和你远离。听到别人赞美自己就感到惶恐不安，听到别人指出自己的过错就欢喜接受。经常这样做，那些正直诚实的人，就逐渐与你亲近起来。

每日一得

明朝——中国古代科举制度的鼎盛时期

元朝开始，蒙古人统治中原，科举考试进入中落时期，但以四书试士，却是元代所开的先例。

元朝灭亡后，明王朝建立，科举制进入了它的鼎盛时期。明代统治者对科举高度重视，科举方法之严密也超过了以往历代。

明代以前，学校只是为科举输送考生的途径之一。到了明代，进学校却成为了科举的必由之路。明代入国子监学习的，通称监生。监生大体有四类：生员入监读书的称贡监，官僚子弟入监的称荫监，举人入监的称举监，捐资入监的称例监。监生可以直接做官。特别是明初，以监生而出任中央和地方大员的多不胜举。明成祖以后，监生直接做官的机会越来越少，却可以直接参加乡试，通过科举做官。

每日一小故事

连中三元

宋代确立了科举考试的地方、礼部、殿试三级考试制，所以也就有了“连中三元”的说法。宋代的“三元”，指科举考试中地方解试、中央礼部试和殿试中的三个第一名，即：解元、省元（礼部是尚书省所属的一个部，礼部试又称“省试”）和殿元。

一个士人能中“三元”实在太难了，即使真正的文才超众，也还少不了幸运。北宋最有名的“三元”是王曾，他在礼部试所作《有教无类赋》和殿试所作《有物混成赋》，都被视为模范答卷，长期为人传诵。王曾官至宰相，是中国科举史上仅有的十几名“三元”中的佼佼者。

金代前期很长一段时间，科举分乡、府、省、殿四级考试。在大定三年，竟奇迹般地出了一个连中“四元”的孟宗献。金世宗知道了非常高兴，本来状元例授“从七品”，这次皇帝做主，破例授予孟宗献“从六品”官员。不过，孟宗献出仕不久就去世了，未见事功，他只是在科举史上留下了一个“四元”的佳话而被后人所知。

据统计，连中“三元”，历史上获此殊荣的状元只有17人。

每日一省

第三十九节　苏州状元

每日一读

无心非，名为错；有心非，名为恶。

【译文】如果是无意中做了错事，这就叫“错”；如果是故意去做的，那就叫“恶”。

每日一得

明代正式科举考试分为乡试、会试、殿试三级。乡试是由南、北直隶和各布政使司举行的地方考试。每三年一次，逢子、午、卯、酉年举行，又叫乡闱。考试的试场称为贡院。考期在秋季八月，故又称秋闱。凡本省科举生员与监生均可应考。考试分三场，分别于八月初九日、十二日和十五日进行。乡试考中的称举人，俗称孝廉，第一名称解元。唐寅乡试第一，故称唐解元。乡试中举叫乙榜，又叫乙科。放榜之时，正值桂花飘香，故又称桂榜。放榜后，由巡抚主持鹿鸣宴。席间唱《鹿鸣》诗，跳魁星舞。

会试是由礼部主持的全国考试，又称礼闱。于乡试的第二年即逢辰、戌、未年举行。全国举人在京师会试，考期在春季二月，故称春闱。会试也分三场，分别在二月初九日、十二日、十五日举行。由于会试是较高一级的考试，同考官的人数比乡试多一倍。主考、同考以及提调等官，都由较高级的官员担任。主考官称总裁，又称座主或座师。考中的称贡士，俗称出贡，别称明经，第一名称会元。

殿试在会师后当年举行，时间最初是三月初一。殿试由皇帝亲自主持，只考时务策一道。录取分三甲：一甲三名，赐进士及第，第一名称状元、鼎元，二名榜眼，三名探花，合称三鼎甲。二甲赐进士出身，三甲赐同进士出身。二、三甲第一名皆称传胪。一、二、三甲通称进士。进士榜称甲榜，或称甲科。进士榜用黄纸书写，故叫黄甲，也称金榜，中进士称金榜题名。

乡试第一名叫解元，会试第一名叫会元，加上殿试一甲第一名的状元，合称三元。连中三元，是科举场中的佳话。明代连中三元者仅洪武年间的黄观和正统年间的商辂二人而已。

殿试之后，状元授翰林院修撰，榜眼、探花授编修。其余进士经过考试合格者，叫翰林院庶吉士。庶吉士出身的人升迁很快，英宗以后，朝廷形成“非进士不入翰林，非翰林不入内阁”的局面。

每日一小故事

苏州状元

有人做过统计，自隋唐至明清1300年间，大约进行过科举考试788次，有名字记载的状元671名。在历史长河中，状元毕竟寥若晨星。可这样少量的状元，也出现了“状元窝”奇观。

福建永泰县在南宋孝宗乾道年间接连出了三位状元，即萧国良、郑桥、黄定。后人在县城建“三元祠”以为纪念，并作诗曰：“相去未逾一百里，七年三度状元来。”

“状元窝”最突出的是苏州。明清两朝共出状元204名，而苏州独占34名。其中清朝状元114名，苏州占27名，绍兴8名，杭州6名，山东曲阜5名，这四个地方竟占全国状元总数的40%。而苏州可算名副其实的“状元窝”。

更令人称奇的是父子兄弟翁婿同登龙门，可谓一门占尽风流。唐代科举还有“察举遗风”，所以父子兄弟状元也较多，大约出现了七八次之多，而明清时代也都不止一次有这种现象出现。

每日一省

第四十节　恃才傲物

每日一读

过能改，归于无；倘掩饰，增一辜。

【译文】有了过错，要能勇于面对，并彻底改正过来。这样，别人就还是把他当好人看；如果不肯承认，还要极力掩饰，那就是错上加错了。

每日一得

清朝——中国古代科举制度的灭亡

清代的科举制度与明代基本相同，但它贯彻的是民族歧视政策。满族人享有种种特权，做官不必经过科举途径。清代科举在雍正前分满、汉两榜取士，旗人在乡试、会试中享有特殊的优待，只考翻译一篇，称翻译科。以后，虽然改为满人、汉人同试，但参加考试的仍以汉族人为最多。

科举制发展到清代，日趋没落，弊端也越来越多。清代统治者对科场舞弊的处分虽然特别严厉，但由于科举制本身的弊病，舞弊越演越烈，科举制终于消亡。

清代正式的科举考试分为三级：乡试，会试，殿试。

每日一小故事

恃才傲物

唐朝名人温庭筠出生在山西，他的祖辈是闻名于唐朝政坛和文坛的双料牛人——温彦博，他在政坛一直混到了宰相，在文坛则成就了一代著名词人。到了温庭筠这一辈，打小就才思敏捷，年纪轻轻就以词赋大有名气，但在仕途却一直光走路不上道，即所谓仕途驴友是也。温庭筠一生中最大的特点就是恃才傲物，年轻的时候没把科举应试当回事，总认为只要自己啥时候想考，皇帝的乌纱帽就啥时候给，所以他一直四处游玩。到了快40岁的时候，温庭筠玩够了，也逛够了，这才大摇大摆走进考场，开始人生中的第一次“高考”。现在他是把科举当回事了，可科举却不把他当回事，一直考到56岁，始终没有把自己的名字弄进进士榜。在作弊现象最严重的唐朝，上至高官子弟、下至平民百姓，就连著名的大诗人温庭筠也乐此不疲，加入轰轰烈烈的作弊大军中。不过与一般的酒囊饭袋相比，温大诗人的作弊手段堪称一绝，即使在主考官防贼一样的重点“防御”下，他依然可以于众目睽睽中替八个人写完考卷，而且居然全身而退，当时的人无不称奇。如果在唐朝的作弊界他自称榜眼，没人敢自称状元。

每日一省

第四十一节　张良拾履

每日一读

凡是人，皆须爱；天同覆，地同载。

【译文】不论是什么人，我们都要互相关心、爱护和尊敬，因为我们共同生活在同一片蓝天下，同一块土地上。

每日一得

要尊重自己，首先要尊重别人。对人不尊敬，首先就是对自己的不尊敬。尊重生命、尊重他人，也尊重自己的生命，是生命进程中的伴随物，也是心理健康的一个条件。

每日一小故事

张良拾履

传说张良闲暇时在桥上散步，有一位老年人，身穿粗布短衣，走到张良呆的地方，把鞋子扔到桥下，对张良说："小子，下去拾鞋。"张良猛然一惊，真想揍他，一见如此大的年纪，就给他拾了鞋。老人要张良替他穿上，张良既已为他拾鞋了，也就跪下来为他穿鞋。穿好后，老人笑着走了。走了一里远，又返回对张良说："你这个孩子很可以培养，过五天，天一亮你来等我。"过了五天，张良来时，老人已先到，批评他说："和老人约会，怎么能迟到？过五天，你再来等我。"第二次，张良又迟到了。第三次，他半夜就去了。老人很高兴，送给张良一部书，并且告诉他说："读了这部书，就可做帝王的老师了。后十年你会发迹。十三年后，你会在济北遇到我，谷城山下有块黄石就是我。"天亮后，张良一看，原来是一本兵书，叫《太公兵法》。张良得到这本书后，认真阅读，终于学到了运筹帷幄，决胜千里的本领，据传说，十三年后，张良跟随高祖路过济北，果真在谷城山下看见一块黄石，张良取回它，并把它当作珍宝供奉。张良死后，就和这块黄石合葬在一起。

每日一省

____

____

____

第四十二节 农夫兄弟

每日一读

行高者，名自高；人所重，非貌高。

才大者，望自大；人所服，非言大。

【译文】一个人行为高尚的人，名声自然会高。因为人们敬重的是一个人的品行，而不是看他是否有一副好相貌。一个才学丰富的人，名望自然会大。因为，人们所佩服的，是有真才实学的人，而不是自吹自擂的人。

每日一得

关爱别人就是关心自己。爱人是帆，爱己是船，只有彼此推动和支撑，才能使爱心长存，爱意永驻。得到他人的关爱是一种幸福，关爱他人更是一种幸福。

每日一小故事

农夫兄弟

古代有两位农夫兄弟，共同耕种一块土地，粮食丰收后各自分取一半。当时，哥哥已成婚有子，可弟弟还没有成家，一天晚上，弟弟在想：哥哥结婚有了孩子，家庭负担重，他应该多接济哥哥一些粮食，于是他起身把自己的一些粮食挪到他哥哥的仓库里，在同一个晚上哥哥却在想：我已经有家，现在有媳妇关心我，将来有孩子照顾我，而弟弟还是单身，他应该为今后多存一些粮食，为此他起床把许多粮食挪到了弟弟的仓库里。在第二天早上他们发现，自己的粮食都没有减少。于是到了第二天晚上他们也同样这样做了；第三天晚上也是一样；就在第四天晚上他们却碰了面，这时他们才发现，他们彼此在对方的心中是多么的重要，关爱之情是多么的深沉。

每日一省

____

____

____

第四十三节 阿育王

每日一读

己有能，勿自私；人所能，勿轻訾。

勿谄富，勿骄贫；勿厌故，勿喜新。

【译文】 自己有才能，不要只想着为自己谋私利，也应当做些对社会大众有益的事；别人有才能，不要心生嫉妒，随便轻视、毁谤。不要谄媚巴结富有的人，也不要对穷人傲慢无礼；不要厌弃过去的朋友，也不要只喜欢新结交的朋友。

每日一得

看不起地位低的人，轻视贫贱的人，讨好有权有势的人，谄媚富贵显达的人，这是人类的通病，也是交友的大忌，俗话说，“人不可貌相，海水不可斗量”，就是根治这一通病的良药。

每日一小故事

阿育王

阿育王朝是印度史上的黄金时代。阿育王崇信佛教，每看到出家人就至诚礼拜。

有一天，阿育王与大臣们出巡，途中遇见一位小沙弥，虔诚的阿育王很想向他礼拜，可是一想到后面有众多大臣跟随，就觉得自己堂堂一个帝王，在众人面前向一位小沙弥顶礼，实在有失威严。

于是，他命令大臣把小沙弥请到无人的地方，把臣子支开，再恭敬地向他礼拜，并叮嘱小沙弥说：“请你不要向别人说起我向你顶礼的事啊！”

这时，小沙弥看到路边有一个小瓶子，就以神通力将自己变进小瓶子里去，过一会儿才又变出来。然后，小沙弥拉着阿育王的手说：“请大王也不要向别人说我能从小瓶子进出的事啊！”

阿育王看得目瞪口呆，当下豁然顿悟：即使是小沙弥，也是不容轻视的。

每日一省

第四十四节　内伯穆克

每日一读

人不闲，勿事搅；人不安，勿话扰。

人有短，切莫揭；人有私，切莫说。

【译文】当别人正忙着没空时，不要因为自己有事儿去打搅；当别人身心不安时，不要跟人家说话而去打扰他。别人有短处，千万不要到处宣扬；别人有隐私，绝对不能说出去。

每日一得

每个人的心底都有自己的秘密，每个人都有自身的短处。隐私是人类最基本、最神圣的权利之一。保守别人的秘密，不揭别人的伤疤，这是做人最基本的道德，也是对友人最大的忠诚。假如我们自己都不能保守秘密，怎么能指望别人替我们保密呢?

每日一小故事

内伯穆克

圣约翰内伯穆克曾是国王瓦茨拉夫四世王后的忏悔牧师。国王因怀疑王后与别人有私情，便找到内伯穆克，要求他说出王后在祷告时透露的隐私。但内伯穆克恪守教规，拒绝国王的要求。国王恼羞成怒，命士兵将内伯穆克从查理大桥上扔进了河里……在传说中，内伯穆克被河水淹没的一刹那，上方的天空中突然奇迹般出现了5颗闪烁的星星，似乎是要哀悼他的离去。

从此，在捷克人眼中，内伯穆克成了为保守秘密，保护美好情感而不惜牺牲生命的英雄。许多捷克人对圣约翰雕像顶礼膜拜，并把其看作幸运之神。

每日一省

____

____

____

第四十五节 妙用夸赞

每日一读

道人善，即是善；人知之，愈思勉。

扬人恶，即是恶；疾之甚，祸且作。

【译文】称赞别人善行，本身就是一种美德。因为别人知道后，就会因此受到勉励而更加努力地去行善。宣扬别人恶性，本身就是一种恶行。如果由于过分的厌恶痛恨而一味地去宣扬，就会招来祸害。

每日一得

每个人都渴望赞美，赞美是美德的影子。喜欢听好话受赞美是人的天性之一。每个人都会因来自社会或他人的得当赞美，而感到自尊心和荣誉感得到满足。而当我们听到别人对自己的赞赏，并感到愉悦和鼓舞时，不免会对说话者产生亲切感，从而使彼此之间的心理距离缩短、靠近。人与人之间的融洽关系就是从这里开始的。

每日一小故事

妙用夸赞

同在一间公司上班的张小姐和王小姐素来不和。有一天，张小姐忍无可忍的对另一个同事李先生说：“你去告诉王小姐，我真受不了她，请改改她的坏脾气，否则没有人会愿意理会她！”李先生回答：“好！我会处理此事”。

这以后，张小姐每次遇到王小姐时，王小姐果然是既和气又有礼，与从前相较，简直判若两人。张小姐向李先生表示谢意，并且好奇的说：“你是怎么说的？竟有如此的神效。”

李先生笑着说：“我跟王小姐说‘有好多人称赞你，尤其是张小姐，说你又温柔又善良，脾气好，人缘佳！’如此而已。”

每日一省

第四十六节　乐羊子妻

每日一读

善相劝，德皆建；过不规，道两亏。

凡取与，贵分晓；与宜多，取宜少。

【译文】朋友之间互相归过劝善，则彼此都能成就良好的德行；如果有错不能相互规劝，两个人在道德上就会有缺陷。拿人家东西和给人家东西，特别要分得清清楚楚；给人家的东西要多一点，拿人家的东西要少一点，这是人情来往的道理。

每日一得

谦让，是人生的通行证。谦让，是幸福的催化剂。谦让是亲情，谦让是友情，谦让是爱情。谦让是美德，谦让是一切道德之母。所以，有名言说：“临事让人一步，自有余地；临财放宽一分，自有余味。”

每日一小故事

乐羊子妻

河南郡乐羊子在路上行走时，曾经捡到一块别人丢失的金子，拿回家把金子给了妻子。妻子说：“妾闻志士不饮‘盗泉’之水，廉者不受嗟来之食，况拾遗求利以污其行乎！”羊子听后十分惭愧，就把金子扔弃到野外，然后远远地出外拜师求学去了。

一年后羊子回到家中，妻子问他回来的缘故。羊子说：“出行在外久了，心中想念家人，没有别的特殊的事情。”妻子听后，就拿起刀来快步走到织机前说道：“这些丝织品都是从蚕茧中生出，又在织机上织成。一根丝一根丝地积累起来，才达到一寸长，一寸一寸地积累，才能成丈成匹。现在如果割断这些正在织着的丝织品，那就会丢弃成功的机会，迟延荒废时光。您要积累学问，就应当‘每天都学到自己不懂的东西’，用来成就自己的美德；如果中途就回来了，那同切断这丝织品又有什么不同呢?”羊子被他妻子的话感动了，又回去苦学7年，修完了自己的学业，成为了一个知识渊博的人。

拿别人的东西，最重要的是要分辨清楚，什么能拿什么不能拿。能拿的东西也不要拿太多，给别人东西不妨大方一点，多给一些。

每日一省

______

______

______

第四十七节　出租司机

每日一读

将加人，先问己；己不欲，即速已。

【译文】想让别人做一件事，首先要问一问自己愿不愿意做；如果自己都不愿意去做，你赶快也不要让别人去做。

每日一得

助人为快乐之本，助人为乐也是一种美德，助人更是人格升华的标志。为别人点一盏灯，照亮别人，也照亮了自己。真正的快乐来自帮助别人。“赠人玫瑰，手有余香”，我们应该永远记住这个道理。

每日一小故事

出租司机

上海的一个冬夜，一名出租车司机送一位客人从浦东大道到浦西的海鸥饭店，当车子进入一条隧道时，客人突然要求掉头，原因是他出门的时候换了衣服，忘了带钱。看到客人的窘态，这位出租车司机倒是反过来宽慰起客人。等把客人送到目的地后，又送给客人30元返程的车票（其实，原路返回只要17元就可以了）。回去后这位司机就忘记了这件事，因为这不是他第一次那样做。

几天后，客人打电话给他，邀请他为他做司机。这个客人叫龚天益，是纽约银行上海分行行长。那个司机叫孙宝清，是上海一个普通的打工仔。

这个故事告诉我们，真正的强者不一定是多有力，或者多有钱，而是他对别人多有帮助。

每日一省

第四十八节　负荆请罪

每日一读

恩欲报，怨欲忘；报怨短，报恩长。

【译文】受人恩惠，要感恩在心、常记不忘，并时时想着报答；别人有对不起自己的事，过去就算了，不要老放在心上，应该宽大为怀，尽快把它忘掉。

每日一得

世界上最宽阔的是海洋，比海洋更宽阔的是天空，比天空更宽阔的是人的胸怀。宽容就是潇洒，宽容就是忘却。宽容是一种坚强，而不是软弱。宽容别人，就是解放自己，还心灵一份纯净。不会宽容别人的人，是不配受别人宽容的，但谁能说自己不需要宽容呢？同学们，学会宽容，世界会变得更加广阔；忘却计较，人生才会永远快乐。

每日一小故事

负荆请罪

公元279年，赵国的蔺相如完璧归赵，立了大功，拜为上卿，位在大将军廉颇之上。廉颇自恃功高，很不服气，扬言要羞辱他。蔺相如听到廉颇的话，常常称病不上朝，不跟廉颇争位。有时蔺相如坐车外出，碰见廉颇就赶紧避开。门客以为他胆小怕事。蔺相如说：“秦王那么厉害，我都不怕，难道还怕廉颇？我考虑，强大的秦国之所以不入侵赵国，只是因为有我们俩人在。如今二虎相斗，必有一伤，势必削弱抵御外敌的力量。我之所以躲避廉将军，是先国家之急而后私仇啊！”这话传到廉颇耳中，廉颇很觉惭愧，便袒衣露体，负荆登门请罪。说：“我粗野低贱，志量浅狭，开罪于相国，相国能如此宽容，我死不足以赎罪。”于是将相重归于好，成了生死之交。

每日一省

第四十九节　盲人与狗

每日一读

待婢仆，身贵端；虽贵端，慈而宽。

【译文】对待家里的佣人，最重要的是自身品行端正。品行端正固然重要，对人还要仁慈宽厚。

每日一得

忠诚是友情的桥梁，欺诈是友谊的敌人。忠诚的胸怀是朋友的安全的港口。友情的火焰需要不断添加忠诚的干柴。人的生活离不开友谊，但要获得真正的友谊并不容易，它需要用忠诚去播种，用热情去灌溉，用原则去培养。

每日一小故事

盲人与狗

一天，一个盲人带着他的导盲犬过街时，一辆大卡车失去控制，直冲过来，盲人当场被撞死，他的导盲犬为了守卫主人，也一起惨死在车轮底下。

主人和狗一起到了天堂门前。

一个天使拦住他俩，为难地说："对不起，现在天堂只剩下一个名额，你们两个中必须有一个去地狱。"主人一听，连忙问："我的狗又不知道什么是天堂，什么是地狱，能不能让我来决定谁去天堂呢?"天使鄙视地看了这个主人一样，皱起了眉头，她想了想，说："很抱歉，先生，每一个灵魂都是平等的，你们要通过比赛决定由谁上天堂。"主人失望地问："哦，什么比赛呢?"天使说："这个比赛很简单，就是赛跑，从这里跑到天堂的大门，谁先到达目的地，谁就可以上天堂。不过，你也别担心，因为你已经死了，所以不再是瞎子，而且灵魂的速度跟肉体无关，越单纯善良的人速度越快。"主人想了想，同意了。

天使让主人和狗准备好，就宣布赛跑开始。她满心以为主人为了进天堂，会拼命往前奔，谁知道主人一点也不忙，慢吞吞地往前走着。更令天使吃惊的是，那条导盲犬也没有奔跑，它配合着主人的步调在旁边慢慢跟着，一步都不肯离开主人。天使恍然大悟：原来，多年来这条导盲犬已经养成了习惯，永远跟着主人行动，在主人的前方守护着他。

可恶的主人，正是利用了这一点，才胸有成竹，稳操胜券，他只要在天堂门口叫他的狗停下就可以了。天使看着这条忠心耿耿的狗，心里很难过，她大声对狗说："你已经为主人献出了生命，现在，你这个主人不再是瞎子，你也不用领着他走路了，你快跑进天堂吧!"可是，无论是主人还是他的狗，都像是没有听到天使的话一样，仍然慢吞吞地往前走，好像在街上散步似的。

果然，离终点还有几步的时候，主人发出一声口令，狗听话地坐下了，天使用鄙视的眼神看着主人。这时，主人笑了，他扭过头对天使说："我终于把我的狗送到天堂了，我最担心的就是它根本不想上天堂，只想跟我在一起……所以我才想帮它决定，请你照顾好它。"

天使愣住了。

主人留恋地看着自己的狗，又说："能够用比赛的方式决定真是太好了，只要我再让它往前走几步，它就可以上天堂了。不过它陪伴了我那么多年，这是我第一次可以用自己的眼睛看着它，所以我忍不住想要慢慢地走，多看它一会儿。如果可以的话，我真希望永远看着它走下去。不过天堂到了，那才是它该去的地方，请你照顾好它。"

说完这些话，主人向狗发出了前进的命令，就在狗到达终点的一刹那，主人像一片羽毛似的落向了地狱的方向。他的狗见了，急忙掉转头，追着主人狂奔。满心懊悔的天使张开翅膀追过去，想要抓住导盲犬，不过那是世界上最纯洁善良的灵魂，速度远比天堂所有的天使都快。所以导盲犬又跟主人在一起了，即使是在地狱，导盲犬也永远守护着它的主人。

天使久久地站在那里，喃喃说道："我一开始就错了，这两个灵魂是一体的，他们不能分开……"

每日一省

第五十节　将军服理

每日一读

势服人，心不然；理服人，方无言。

【译文】用权势去压服别人，别人就会口服而心不服。用道理去说服别人，别人才会无话可说。

每日一得

诚信是友谊的必备条件。诚实是人生的命脉，是一切价值的根基。诚信是沟通心灵的桥梁，善于欺骗的人，永远到不了桥的另一端。诚信，是一股清泉，它将洗去欺诈的肮脏，让世界的每一个角落都流淌着洁净。同学们，学会诚信，让心灵无瑕，让友谊长存，让世界美好！

每日一小故事

将军服理

吴起是魏国的大将军，曾立下汗马功劳，很受尊重。当时，魏武侯要选一个人当相国。满朝文武都觉得吴起有希望被选中。吴起也认为自己是最合适的人选。

这一天，魏武侯当着大臣们的面宣布："我命田文为相国，请田文上来！"一个头发花白的老人走上前去，魏武侯把裹着红绸带的相印授给了他。

吴起满脸通红，很不服气。大臣们散了以后，他叫住田文："我想和你比比功劳，怎么样？""当然可以。"田文轻声回答。

"您说，统率三军作战，让官兵们不怕牺牲，使敌人闻风丧胆。这些，您比我如何？""不如您。"

"您说，管教百姓，安定百姓，使国家有钱有粮。这些，您比我如何？""不如您。"

"您说，镇守西河，秦国不敢入侵，韩、赵两国都顺从魏王。这些，您比我如何？""还是不如您。"田文笑了笑，一点也不生气地说。

"既然这些您都不如我，您反倒当上了相国，这该怎么解释？"田文用手捋着胡须说："咱们大王刚刚即位不久，年纪很轻，大臣们还不肯听从命令，老百姓还不十分信赖。应付这种局面，是您出面好呢？还是我这个老臣出面好呢？"

吴起毕竟是一个有大局观念的将领，听田文这样解释，恍然大悟。他满面愧色地对田文说："先生您说得对极了，我心服口服！我不该和您比功劳争地位。"

每日一省

第五十一节　重拆亭子

每日一读

同是人，类不齐；流俗众，仁者希。

【译文】同样是人，善恶邪正，心智高低却是良莠不齐；跟着潮流走的俗人多，仁慈博爱的人少。

每日一得

坦白是诚实和勇敢的产物。失足，你可以马上恢复站立；失信，你也许永难挽回。一个人严守诺言，比守卫他的财产更重要。

每日一小故事

重拆亭子

查尔斯·詹姆斯·福克斯是英国著名政治家，他以“言而有信”获得了政界较高的赞誉。当福克斯还是一个孩子时，有一次，福克斯父亲打算把花园里的小亭子拆掉，再另行建造一座大一点的亭子。小福克斯对拆亭子这件事情非常好奇，想亲眼看看工人们是怎样将亭子拆掉的，他要求父亲拆亭子的时候一定要叫他。小福克斯刚巧要离家几天，他再三央求父亲等他回来后再拆亭子，福克斯父亲敷衍地说了一句：“好吧！等你回来再拆亭子。”

过了几天，等小福克斯回到家中，却发现旧亭子早已被拆掉了，小福克斯心里很难过。吃早饭的时候，小福克斯小声地对父亲说：“你说话不算数！”父亲听了觉得很奇怪，说：“不算数？什么不算数？”原来父亲早已把自己几天前说过的话忘得一干二净。老福克斯听到儿子的话后，前思后想，决定向儿子认错。他认真地对小福克斯说：“爸爸错了！我应该对自己说过的话负责！”于是，老福克斯再次找来工人，让工人们在旧亭子的位置上，重新盖起一座和旧亭子一模一样的亭子，然后当着小福克斯的面，把“旧亭子”拆掉，让小福克斯看看工人们是怎样拆亭子的。

后来，老福克斯总是说：“言而有信，对自己的言语负责，这一点比万贯家财来得更为珍贵！”

【启示】诚信是做人最为宝贵的财富。

每日一省

第五十二节 看清真相

每日一读

果仁者，人多畏；言不讳，色不媚。

【译文】如果有一位仁德的人出现，大家自然敬畏他。因为他说话公正无私没有隐瞒，又不讨好他人。

每日一得

对人以诚信，人不欺我；对事以诚信，事无不成。言不信者，行不果。人背信者，则名不达。

每日一小故事

看清真相

一位名叫吉埃丝的美国记者，有一天来到日本东京，她在奥达克余百货公司买了1台唱机，准备送给住在东京的婆婆家作为见面礼。售货员彬彬有礼、笑容可掬地特地挑了1台尚未启封的机子给她。然而回到住处，她拆开包装试用时，才发现机子没装内件，根本无法使用。吉埃丝火冒三丈，准备第二天一早即去百货公司交涉，并迅速写了一篇新闻稿“笑脸背后的真面目”。

第二天一早，一辆汽车赶到她的住处，从车上下来的是奥达克余百货公司的总经理和拎着大皮箱的职员。他俩一走进客厅就俯首鞠躬、连连道歉，吉埃丝搞不清楚百货公司是如何找到她的。那位职员打开记事簿，讲述了大致的经过。

原来，昨日下午清点商品时，发现将一个空心的货样卖给了一位顾客，此事非同小可，总经理马上召集有关人员商议。当时只有两条线索可循，即顾客的名字和她留下的一张美国快递公司的名片。据此百货公司展开了一场无异于大海捞针的行动。打了32次紧急电话，向东京的各大宾馆查询，没有结果。于是，打电话到美国快递公司的总部，深夜接到回电，得知顾客在美国父母的电话号码，接着，打电话到美国，得到顾客在东京的婆家的电话号码，终于找到了顾客的落脚地。这期间共打了35个紧急电话。职员说完，总经理将1台完好的唱机外加唱片1张、蛋糕1盒奉上，并再次表示歉意后离去。

吉埃丝的感动之情可想而知，她立即重写了新闻稿，题目就是“35个紧急电话”。

【启示】如果没有责任意识，就不会有这样大海捞针的行动，就不会有及时改正错误的机会。今天的市场竞争，从某种意义上讲，就是责任感的竞争！

每日一省

第五十三节 学会沟通

每日一读

能亲仁，无限好；德日进，过日少。

【译文】能够亲近有仁德的人，向他学习，真是再好不过了，因为他会使我们的德行一天比一天进步，过错也跟着减少。

每日一得

信用是一种现代社会无法或缺的个人无形资产。诚信的约束不仅来自外界，更来自我们的自律心态和自身的道德力量。走上社会后，我们深感信用危机的严重性和危害性。但埋怨没有用，更不能等待。重树社会信用必须靠每个人的努力，要从现在做起，从自己做起。一丝一毫关乎节操，一件小事、一次不经意的失信，可能会毁了我们一生的名誉。

每日一小故事

学会沟通

狮子和老虎之间爆发了一场激烈的战争，到了最后，两败俱伤。

狮子快要断气的时候对老虎说："如果不是你非要抢我的地盘，我们也不会弄成现在这样。"老虎吃惊地说："我从未想过要抢你的地盘，我一直以为是你要侵略我！"

【启示】相互沟通是维系与同事、老板之间关系的一个关键要素。有什么话不要憋在肚子里，多同同事、老板交流，也让同事、老板多了解自己，这样可以避免许多无谓的误会和矛盾。

每日一省

第五十四节　团队信任

每日一读

不亲仁，无限害；小人进，百事坏。

【译文】如果不肯亲近仁人君子，就会有无穷的祸害，因为不肖的小人会乘虚而入，跑来亲近我们，日积月累，我们的言行举止都会受影响，导致整个人生的失败。

每日一得

忘记昨天，直面今天，迎接明天。命不能争，运可以造，弱者认命，强者抗命，能者求命，智者造命。善用内在潜能，你就是走运的人。

每日一小故事

团队信任

汉代的太史令司马谈死后，他的儿子司马迁接替他当了太史令。司马迁像他的父亲一样，是一个诚实正直的史官。有一次，朝中的大将李陵在攻打匈奴时失败了，被迫投降。汉武帝知道了以后很生气，朝中大臣都纷纷说李陵的坏话，只有司马迁在一旁不做声。于是，汉武帝就问司马迁，是怎样看待这件事的。司马迁说："李陵转战千里，粮草从应不上，士兵劳累不堪，兵败投降也是可以原谅的。"汉武帝认为司马迁是在故意给李陵说好话，于是就给司马迁治了罪，给他施了宫刑。但是，仍然让司马迁主持编写史书《史记》。虽然受了汉武帝的惩罚，可是司马迁还是据实记录了汉武帝的功劳，赞扬汉武帝虽有错误，仍是一代明君。

【启示】与老板、同事之间要相互信任，很多幸福团结的团队就毁于怀疑和猜忌。

每日一省

第五十五节　劝子于学

每日一读

不力行，但学文；长浮华，成何人。

【译文】如果所学的不实践力行，一味读死书，容易养成华而不实的习性，不能成为真正有用的人。

每日一得

诚实是力量的一种象征，它显示着一个人的高度自重和内心的安全感与尊严感。

——艾琳·卡瑟

说谎话的人所得到的，就只是即使觉说了真话也没有人相信。

——伊索

每日一小故事

劝子于学

晋代书法家王献之自小跟父亲王羲之学写字。有一次，他要父亲传授习字的秘诀，王羲之没有正面回答，而是指着院里的18口水缸说：秘诀就在这些水缸中，你把这些水缸中的水写完就知道了。

王献之心中不服，认为自己人虽小，字已经写得很不错了，下决心再练基本功，在父亲面前显示一下。他天天模仿父亲的字体，练习横、竖、点、撇、捺，足足练习了两年，才把自己写的字给父亲看。父亲笑而不语，母亲在一旁说："有点像铁划了。"王献之又练了两年各种各样的钩，然后给父亲看，父亲还是不言不语，母亲说："有点像银钩了。"

王献之这才开始练完整的字，足足又练了四年，才把写的字捧给父亲看。王羲之看后，在儿子写的"大"字下面加了一点，成了"太"字，因为他嫌独生子写的"大"字架势上紧下松。母亲看了王献之写的字，叹了口气说："我儿练字三千日，只有这一点是像你父亲写的！"王献之听了，这才彻底服了。从此，他更加下工夫练习写字了。

王羲之看到儿子用功练字，心里非常高兴。一天，他悄悄地走到儿子的身背后，猛地拔他执握在手中的笔，没有拔动，于是他赞扬了儿子说："此儿后当复有大名。"王羲之知道儿子写字时有了手劲，这才开始悉心培养他。后来，王献之真的写完了这18缸中的水，与他的父亲一样，成了著名的书法家。

王羲之劝子于学，采用的是"不动声色"的方法。王羲之对儿子没有一句说教，却使王献之逐步懂得学无止境的道理，从小就开始确立了严格的治学态度。

每日一省

第五十六节 勤俭节约

每日一读

但力行，不学文；任己见，昧理真。

【译文】如果只知道卖力去做，不肯读书学习，而固执于自己的见解，容易依着自己的偏见做事，就不会明白道理的真假与否，也会看不到真理。

每日一得

我宁愿以诚挚获得一百名敌人的攻击，也不愿以伪善获得十个朋友的赞扬。

——裴多菲

克明俊德，以亲九族。九族既睦，平章百姓。百姓昭明，协和万邦。

——《尚书·尧典》

【译文】公正能发扬才智美德，使家族亲密和睦。家族和睦以后，又辨明百官的善恶。百官的善恶辨明了，又使各诸侯国协调和顺。

每日一小故事

勤俭节约

石油大王洛克菲勒是世界上第一个家产超过 10 亿美元的大富翁，他的家族至今亦是地球上最富有的家族之一。洛克菲勒只有一个儿子，名叫约翰。他尽管那么有钱，却从不娇惯儿子，从小教育儿子生活要节俭。

约翰·洛克菲勒从父亲手里接过家产以后，继承了父亲重视节俭、严格教育子女的家规。约翰有五子一女，在入学以前，约翰从不给孩子零用钱，孩子上学以后，才给他们少量的零用钱。

约翰·洛克菲勒认为，富裕家庭的女子比普通人家的女子更容易受物质的诱惑，追求更多的享受，贪图走最平坦的道路，因此，“富人进天堂比骆驼钻针眼还困难。”他像自己的父亲一样，为了使洛氏家庭后继有人，不断发达，自小严格要求孩子懂得每一分钱来之不易，绝不容许轻易浪费。

无独有偶，美国前总统肯尼迪的父亲约瑟夫也是如此“苛求”孩子的。约瑟夫曾担任过美国证券交易委员会主席和驻英大使，是美国最大的五大企业家之一。他给每个孩子存了 1000 万美元的委托金，但是他决不允许金钱腐蚀孩子，不许孩子谈论钱，尤其不允许在餐桌上谈论钱。肯尼迪成为总统以后，曾回忆起他在 10 岁时的一件往事，那时他向父亲递交了一份申请，请求父亲将他的零用钱从每周 4 角提高到 6 角，但是父亲断然拒绝了他。

你也许会将洛克菲勒父子以及肯尼迪父亲的想法或者做法归因于一种社会文化的原因。其实，即使在我们几千年封建社会中，不少有识之士，包括一些贤明的帝王将相，也都崇尚节俭，主张自小培养孩子以“奢靡为耻、俭素为荣”为美德。

每日一省

第五十七节　千里送鹅毛

每日一读

读书法，有三到；心眼口，信皆要。

【译文】读书的方法有三到：心到、眼到、口到。即心要记，眼要看，口要读，这三者确实都非常重要，缺一不可。

每日一得

信用是难得失的，费十年功夫积累的信用，往往由于一时的言行而失掉。

——池田大作

无稽之言勿听，费询之谋毋庸。

——《尚书·大禹谟》

【译文】没有经过验证的话不轻信，没有征询过众人意见的谋略不轻用。

【赏析】常言道，耳听为虚，眼见为实；三个臭皮匠，顶个诸葛亮。这两句话的意思和“无稽之言勿听，费询之谋毋庸”说的就是同一个道理。告诫人们，在现实生活中，不能道听途说，轻信妄言，凡事都要深入调查，以事实为依据，善于听取众人意见，集思广益，认真分析参考。只有这样，才不会影响自己的判断能力，不会被不实之言所蛊惑，不会因刚愎自用而导致决策失误，造成不良后果。

每日一小故事

千里送鹅毛

古人曰：人无信不立、言不信者行不果，君子养心莫善于诚……这些至理名言足以说明：诚信，是多么的重要啊！在中华民族上下5000年这条历史长河中，涌现出多少关于诚信的名人轶事，但其中最令我感动的要算“不失信于羌人”这个故事了。种世衡是北宋中期的一员名将，由于他在治理西北军事上做出了十分显著的成绩，在当地有着很高的威望。在种世衡的辖区内，有一位叫奴讹的羌族酋长，他正直刚强，不屈服于任何人，也从来没有到郡城拜会过地方长官，这次因为听说过种世衡的威名，破例参加了郊迎。

种世衡深知与少数民族搞好关系的重要性，因而主动与奴讹交谈，并约定次日去拜访羌族。

谁知，天公不作美，当天晚上下起了大雪，地上的积雪足以没过两膝，而羌族部落又在偏僻的山沟里，怎么办呢？众官纷纷劝种世衡改天再去，种世衡为了不失信于羌人，坚持上山，冒险而进。

奴讹看到这样恶劣的天气，心想，那些汉族大官平日养尊处优惯了，肯定不会来，所以便卧在帐中没有起来。

当种世衡一行披着雪花来到羌族部落时，奴讹根本就没有思想准备。直到种世衡开玩笑地用脚踢他起来时，才如梦方醒："在您之前，从来没有大宋官员到我们部落来过，这样的天气您居然还来了！难道不疑心我会借机对您不利吗？"种世衡坦然大笑："我们是以真诚之心对待真诚之心呀！"

每日一省

____

____

____

第五十八节　花瓶中的诚信

每日一读

方读此，勿慕彼；此未终，彼勿起。

宽为限，紧用功；功夫到，滞塞通。

【译文】正在读着这本书时，就不要去想着那本书。这本书还未读完，就不要再去读另一本书。读书要用心专一，才能有成就。不妨把学习的期限安排的宽裕一些，但在学习时要抓紧时间。只要工夫到了，不懂的地方自然就通达了。

每日一得

诚实比一切智谋更好，而且它是智谋的基本条件。

——康德《持久和平》

诚实的人必须对自己守信，他的最后靠山就是真诚。

——爱默生

每日一小故事

花瓶中的诚信

列宁是俄国十月革命的领导人，是第一个社会主义国家的创始人。他从小性格开朗，活泼好动，经常弄坏家里的东西。

列宁8岁那年，有一次母亲带着他到阿尼亚姑妈家中做客。活泼好动的小列宁一不留神，把姑妈家的一只花瓶打碎了。但是，谁也没有看见。

后来，姑妈问孩子们："是谁打碎了花瓶?"其他孩子都说："不是我。"

而小列宁因为在生人家里害怕，怕说出实话会遭到不大熟悉的姑妈的责备，所以他也跟着大家大声回答："不是我!"

然而，母亲看他的表情，已经猜到花瓶是淘气的小列宁打碎的。因为这孩子特别淘气，在家里经常发生类似的事情。但是，小列宁向来是主动承认错误，从未撒过谎。

于是，小列宁的妈妈就想：应该怎样对待孩子撒谎这件事呢？当然，最省事的办法就是直接揭穿这件事，并且处罚他。但是列宁的妈妈没有这么做。她认为，重要的是教育儿子犯错误后要勇于承认错误，做一个诚实的好孩子，而不是责备他。

于是她装出相信儿子的样子，在三个月内一直没有提起这件事，而是给儿子讲各种各样的诚实守信的美德故事，等待着儿子的良心深处萌发出对自己行为的羞愧感。

从那以后，列宁的妈妈明显地感觉到，儿子不如以前活泼了，似乎是良心正在折磨着他。

有一天，在小列宁临睡前，妈妈又像往常一样，一边抚摩着他的头，一边给他讲故事。不料小列宁突然失声大哭起来，痛苦地告诉妈妈："我欺骗了阿尼亚姑妈，我说不是我打碎了花瓶，其实是我干的。"听了孩子羞愧难受的述说，妈妈耐心地安慰他，说："给阿尼亚姑妈写封信，向她承认错误，姑妈一定会原谅你的。"

于是，小列宁马上起床，在妈妈的帮助下，给姑妈写信承认了错误。

几天后，小列宁收到了阿尼亚姑妈寄来的回信，在信中，她不但表示原谅小列宁，还称赞小列宁是个诚实的好孩子。小列宁得到原谅后，十分高兴，又像以前一样过着快乐的日子。他还悄悄地对妈妈说："做诚实的人真好，不用受良心的谴责。"妈妈看着儿子会心地笑了。

每日一省

第五十九节　还钱生钱

每日一读

心有疑，随札记；就人问，求确义。

【译文】读书时，如果心中有疑问，就要随时做好笔记，以便向别人请教，求得准确的意义。

每日一得

工作上的信用是最好的财富。没有信用积累的青年，非成为失败者不可。

——池田大作

静言庸违，象恭滔天。

——《尚书·尧典》

【译文】静言：静又写作“靖”，巧言。庸：用。滔：通“慆”，怠慢。象恭：外表好像恭敬。花言巧语，阳奉阴违，貌似恭敬，实际上对上天轻慢不敬。

【赏析】这句话是尧帝对公正的道德品质和行为的评价。尧帝意欲选拔接班人，让大臣们推选人选，当有人举荐共工时，尧帝发表了如此意见，也说明尧帝审慎地选贤任能，重视德才兼备的选拔人才态度。他的任人唯贤的思想品德值得今天的人们借鉴。“静言庸违，象恭滔天”这句话为后人经常引用，以指那些花言巧语，面目伪善，缺乏道德修养的人。

每日一小故事

还钱生钱

温州商会武昌分会会长陈志圣畅游商海的经历是一个通过诚信不断借钱，然后生钱的过程。1992 年，陈志圣在汉口商业大楼做百货生意，当时，他的本钱只有 2 万元，有一个月周转资金差 1 万元，他十分为难，厚着脸皮找两个人各借了 5000 元，保证了正常周转。“看到大钞票，两眼放绿光。”陈志圣说：“我看到钱就想用进生意当中。”他不满足于一家商场的小打小闹，不断寻找机会扩大经营范围。当时，进入洪山商场需要 5 万元，而他手上只有 3 万元钱。他想办法说通供货商赊货 1 万元，然后，找老乡借了 1 万元。一个月过去，这两家商场共赚 3 万元。他又想方设法借了 2 万元，进入第三家商场。就这样将第一个月的利润用于还款，到第二个月赚 3 万元，然后，再去借 2 万，进驻下一家商场，陈志圣的生意迅速扩张，一年时间内他共进入了 10 个商场。“如果不是这样滚动发展，中规中矩做生意，恐怕永远是 2 万元。”到 1997 年，他一年在各商场的总销售额达到 5000 万元。陈志圣坦言，生意高速运转，在很大程度上得益于借债，而能顺利借到钱的关键在于信誉，“我一般比约定时间早两天还钱，绝不拖延”。

每日一省

第六十节　无名小孩

每日一读

房室清，墙壁净；几案洁，笔砚正。

【译文】房间内要收拾整齐，墙壁要保持干净；桌子要保持清洁，笔墨纸砚等文具要摆放端正。

每日一得

失足，你可能马上复站立，失信，你也许永难挽回。

——富兰克林

视远惟明，听德惟聪。

——《尚书·太甲中》

【译文】能看到远处，才是视觉锐利；能听从好话，才是听觉灵敏。

【赏析】古人用能看得远才是明察秋毫，善听好话，才是耳朵灵敏作比喻，鼓励人们注重自身修养，永不懈怠。不论是治国，还是个人都强调的是道德品质修养，要勤奋学习，诚心求道，时刻躬身自反，检讨自己言行，胸襟宽广，善于听取意见，不要时常享乐和懒惰，用诚信、仁厚的美德赢得事业的成功。

每日一小故事

无名小孩

在纽约的河边公园里矗立着“南北战争阵亡战士纪念碑”，每年有许多游人来祭奠亡灵。美国第十八届总统、南北战争时期担任北方军统帅的格兰特将军的陵墓，坐落在公园的北部。陵墓高大雄伟、庄严简朴。陵墓后方，是一大片碧绿的草坪，一直绵延到公园的边界、陡峭的悬崖边上。

格兰特将军的陵墓后边，更靠近悬崖边的地方，还有一座小孩子的陵墓。那是一座极小极普通的墓，在任何其他地方，你都可能会忽略它的存在。它与绝大多数美国人的陵墓一样，只有一块小小的墓碑。在墓碑和旁边的一块木牌上，却记载着一个感人至深的关于诚信的故事。

故事发生在200多年以前的1797年。这一年，这片土地的小主人才五岁时，不慎从这里的悬崖上坠落身亡。其父伤心欲绝，将他埋葬于此，并修建了这样一个小小的陵墓，以作纪念。数年后，家道衰落，老主人不得不将这片土地转让。出于对儿子的爱心，他对今后的土地主人提出一个奇特的要求，他要求新主人把孩子的陵墓作为土地的一部分，永远不要毁坏它。新主人答应了，并把这个条件写进了契约。这样，孩子的陵墓就被保留了下来。

沧海桑田，一百年过去了。这片土地不知道辗转卖过了多少次，也不知道换过了多少个主人，孩子的名字早已被世人忘却，但孩子的陵墓仍然还在那里，它依据一个又一个的买卖契约，被完整无损地保存下来。到了1897年，这片风水宝地被选中作为格兰特将军陵园。政府成了这块土地的主人，无名孩子的墓在政府手中完整无损地保留下来，成了格兰特将军陵墓的邻居。一个伟大的历史缔造者之墓，和一个无名孩童之墓毗邻，这可能是世界上独一无二的奇观。

又一个100年以后，1997年的时候，为了缅怀格兰特将军，当时的纽约市长朱利安尼来到这里。那时，刚好是格兰特将军陵墓建立100周年，也是小孩去世200周年的时间，朱利安尼市长亲自撰写了这个动人的故事，并把它刻在木牌上，立在无名小孩陵墓的旁边，让这个关于诚信的故事世世代代流传下去……

每日一省

第六十一节　富兰克林

每日一读

墨磨偏，心不端；字不敬，心先病。

【译文】墨磨偏了，心思不正，写字就不工整，心绪就不好了。意思是说如果你把墨磨偏了，说明你心不在焉。意思是说：如果字写得潦草，不工整，说明你浮躁不安，心没定下来，思想不集中。学习时要专心致志。

每日一得

走正直诚实的生活道路，定会有一个问心无愧的归宿。

——高尔基

每日一小故事

富兰克林

富兰克林是18世纪的美国人，是著名的科学家，同时还是一个著名的社会活动家。

他曾经参与起草了美国的《独立宣言》，为美国的独立自由做出了巨大贡献。

他出生在一个世代打铁的工匠家庭，由于家里孩子多，父母很难靠打铁来维持家里的生活。12 岁的小富兰克林看到父母整天为了生计发愁，就想为家里做些什么。父亲这时除了打铁之外还做蜡烛。

后来他的哥哥在城里办了一家报纸，富兰克林到他哥哥那里当学徒，在印刷所里学习排版。他哥哥对他非常刻薄，经常因为一点小事就责骂他，有时候还毒打他，这使富兰克林不堪忍受，不久就离开了那里，到别的印刷所找工作。但是他哥哥非常坏，告诉城里所有印刷厂的老板都不要了聘请富兰克林。

富兰克林不得不到别的城市寻找工作。他流落到费城，有一叫凯谋的人让富兰克林帮他管理他开的印刷铺子，许诺可以给他很高的薪金。富兰克林暂时找不到别的工作，就答应了。当时富兰克林已经是一个熟练工人，而凯谋雇佣的其他工人都是对印刷、排版、装订不怎么了解的人。凯谋付给这些人的工资非常低。聪明的富兰克林看到这种情况，就猜到凯谋是想让他把这些廉价雇佣来的工人练成熟练工人，然后再把自己赶走。凯谋在当地的名声很坏，所有人都知道他是个阴险狡猾的小人。

尽管富兰克林已经猜到凯谋的心思，可是他想，既然答应接受这份工作，就应该尽力做好，要对自己的工作认真负责，不能因为老板不好，就影响自己对工作的认真态度。于是，他就每天教这些工人一些技术，甚至把自己发明出来的的制作字模的方法也传授给了这些人。

凯谋最初对富兰克林还很客气，几个月后，他发现自己廉价雇佣来的工人已经基本掌握了排版印刷技术，于是就开始无缘无故地找富兰克林的麻烦，无端地克扣他的工资。有一次，凯谋竟然指着富兰克林的鼻子骂他是蠢猪。富兰克林非常生气，并且说："只有蠢猪一样的老板，没有蠢猪一样的工人，像你这样的人根本不配做老板。"

凯谋正想把富兰克林赶走，就挖苦会说："上帝又没有挽留你这个天才在这里工作，你可以像乌贼一样溜走。"

富兰克林早就不想干了，就当着工人们的面说："凯谋，别绕弯子了，你请我来就是为了给你训练工人。现在他们都是熟练工了，你就可以赶我走了，我早就猜出你的心思了。不过，你放心，我富兰克林做人向来讲求诚信，不会因为你的卑鄙就传授给他们错误的技术，将来你解雇他们的时候，他们凭借自己的手艺也可以很容易地找到工作。"

说完，富兰克林收拾行李就离开了铺子。

每日一省

____

____

____

第六十二节　造纸大王

每日一读

列典籍，有定处；读看毕，还原处。

虽有急，卷束齐；有缺坏，就补之。

【译文】存列典籍，要有固定的地方；读完一本书，一定要放回原处，这样便于下次查找。读书的人要爱惜书本。即使有急事不看书了，也要把书本整理好；发现书本有损坏，应当及时修补完整。

每日一得

如果要别人诚信，首先自己要诚信。

——莎士比亚

克勤于邦，克俭于家。

——《尚书·大禹谟》

【译文】克勤于邦：指为治水的事业竭尽全力。克俭于家：在家生活节俭。意思是能为国家大事不辞辛劳，居家生活简朴。中国自古以来就以勤俭作为修身治国治家的美德。古人以能否克勤克俭，是关系着国家强弱、存亡的大事，鼓励人们竭尽职守，勤奋工作，提倡节约，反对浪费。当然在现代文明的今天，物质极大丰富，人们不可能无视于生活的享受，但前提是不铺张浪费。

每日一小故事

造纸大王

张茵，祖籍黑龙江省鸡西市，她现在是美国中南有限公司的总裁，美国工商协会名誉会长。1997 年她的公司在美国“妇女企业五百强”中排名第九十五位，在 2002 年的评选中跃居第五十四位。她是造纸行业里的一颗明星，被很多媒体称为“造纸大王”。她说她的事业是从诚信起家的。

当年，27 岁的张茵放弃了家乡的稳定工作和住房，带了 3 万元人民币来到中国香港，这是她全部的积蓄。然而要在中国香港这个世界级的金融中心立足，3 万元人民币其实是九牛一毛。一个中国香港老板以年薪 50 万港币的优厚待遇聘请她，可是她婉言谢绝了，因为她想创立自己的事业。经人介绍她和别人合伙办了一家公司。

之后她又进入造纸行业，首先是回收废纸，然后是用废纸制成纸浆，最后再用纸浆制成新纸。张茵的公司既出售纸浆也出售成品纸。她的客户中有很多是中国内地人，他们经常采购她的纸浆。当时中国内地的一位造纸厂的厂长对她说：“从中国香港进口的纸浆多掺有水分，不是百分之分的纯纸浆，质量不是很好，我希望您能够改变这种现状。”

这句话提醒了张茵，她想：要比别人做得更成功，就应该在信誉上取胜。于是她开始生产不掺水的纯纸浆，生意果然比以前好多了。可是，往纸浆里掺水在当时已经成了中国香港造纸行业的“行规”，没有人敢破坏这个不成文的规定。偏偏是一个新入行的女人破坏了这个规矩，于是她的灾难就来了。她经常接到黑社会的恐吓电话，连她的合作伙伴都骗她，偷偷地往纸浆里加大量的水，让她蒙受了巨额的经济损失。但是她毫不退缩，仍然坚持自己的做法，不久人们都知道中国香港有一个诚信经营的女造纸大王，纸浆里不掺水，于是都争着来购她的纸浆。中国香港造纸业的同行为了和她竞争，也不得不生产纯纸浆。她为中国香港造纸业的健康发展做出了很大的贡献。

中国香港毕竟是一个小岛，很难大量收购作为原材料的废纸，不能圆她“造纸大王”的梦。于是在 1990 年她又来到美国，在这里她依然坚持诚信第一，以品质取胜。不久她的中南有限公司在美国建起了七家打包厂和运输企业，成了真正的“造纸大王”。

每日一省

____

____

____

第六十三节　坎坷成长

每日一读

非圣书，屏勿视；蔽聪明，坏心志。

【译文】对于无益身心健康的不良书刊，应该避而不看，因为书里面不正当的事理，会蒙蔽人们的智慧，败坏人们的心志。应该多读圣贤的著作。

每日一得

以公灭私，民其允怀。

——《尚书·周官》

【译文】允：诚信、信实。怀：归向。用公正消灭私欲，人民就会信任执政者。

【赏析】《周官》是诰令，这句话就是《周官》中的一句，号召大小官员认真工作，谨慎发令，言出即行，周公心之公正除去私欲，为尊不当骄傲，禄厚不当奢侈，修养恭敬勤俭美德，不可行使诈伪，以此赢得人民的信任。做到这些，人民才会心悦诚服。勉励官员兢兢业业，勤劳政事，克己奉公，廉洁自律，清白不污。

每日一小故事

坎坷成长

俞敏洪成长坎坷，前两次参加高考时，俞敏洪的英语成绩分别只有 33 分和 55 分，而那时他的目的也只是想到常熟师范学校去读个大专，就连这样的愿望最后也没有达成。就在他几乎准备放弃时，县政府办了一个补习班，请来一位曾经培养出北大学生的老师来给学生补习英语，俞敏洪由于成绩不够，因而落选。后来，他的母亲知道了这件事，居然找到从教育局到江阴一中的所有相关人员，求他们给自己儿子一个机会。俞敏洪记得特别清楚，母亲从城里回来的时候，刚好下大雨，从城里走到村里全是小路。母亲回来的时候浑身是泥，因为她摔在沟里好几次。看到这个场景，俞敏洪产生了一种感觉，自己第三年是不可能不上大学的。

进了补习班之后，俞敏洪一改往日的自卑，被选为班长，并且努力而勤奋地学习。俞敏洪说："当你觉得拼命是一种快乐的时候，你的学习成绩不太可能上不去。"后来，俞敏洪的高考总分和英语分数都超过了北大录取分数线。

每日一省

第六十四节　小提琴手

每日一读

勿自暴，勿自弃；圣与贤，可驯致。

【译文】遇到挫折，不要自暴自弃，通过身体力行圣贤的训诫，就可以达到圣贤的境界。意思是说：自己糟蹋自己叫"自暴"，自己瞧不起自己叫"自弃"，一个人不能不知自爱；也不能甘于堕落。圣人和贤人境界虽高，都是可以通过循序渐进的努力修学而达到的。

每日一得

自以为聪明的人，往往是没有好下场的，世界上最聪明的人是老实的人，因为只有老实人才能经得起事实和历史的考验。

——周恩来

每日一小故事

小提琴手

星期五的傍晚，一个贫穷的年轻艺人仍然像往常一样站在地铁站门口，专心致志地拉着他的小提琴。琴声优美动听，虽然人们都急急忙忙地赶着回家过周末，还是有很多人情不自禁地放慢了脚步，时不时地会有一些人在年轻艺人跟前的礼帽里放一些钱。

第二天黄昏，年轻的艺人又像往常一样准时来到地铁门口，把他的礼帽摘下来很优雅地放在地上。和以往不同的是，他还从包里拿出一张大纸，然后很认真地铺在地上，四周还用自备的小石块压上。做完这一切以后，他调试好小提琴，又开始了演奏，声音似乎比以前更动听更悠扬。

不久，年轻的小提琴手周围站满了人，人们都被铺在地上的那张大纸上的字吸引了，有的人还踮起脚尖看。上面写着："昨天傍晚，有一位叫乔治·桑的先生错将一份很重要的东西放在我的礼帽里，请您速来认领。"

人们看了之后议论纷纷，都想知道一份什么样的东西，有的人甚至还等在一边想看究竟。过了半小时左右，一位中年男人急急忙忙跑过来，拨开人群就冲到小提琴手面前，抓住他的肩膀语无伦次的说："啊！是您呀，您真的来了，我就知道您是个诚实的人，您一定会来的。"

年轻的小提琴手冷静地问："您是乔治·桑先生吗？"

那人连忙点头。小提琴手又问："您遗落了什么东西吗？"

那个先生说："奖票，奖票。"

小提琴手于是就从怀里掏出一张奖票，上面还醒目地写着乔治·桑，小提琴手举着彩票问："是这个吗？"

乔治·桑迅速地点点头，抢过奖票吻了一下，然后又抱着小提琴手在地上疯狂地转了两圈。

原来事情是这样的，乔治·桑是一家公司的小职员，他前些日子买了一张一家银行发行的奖票，昨天上午开奖，他中了50万美元的奖金。昨天下班，他心情很好，觉得音乐也特别美妙，于是就从钱包里掏出50美元，放在了礼帽里，可是不小心把奖票也扔了进去。小提琴手是一名艺术学院的学生，本来打算去维也纳进修，已经订好了机票，时间就在今天上午，可是他昨天整理东西时发现了这张价值50万美元的奖票，想到失主会来找，于是今天就退掉了机票，又准时来到这里。

后来，有人问小提琴手："你当时那么需要一笔学费，为了赚够这笔学费，你不得不每天到地铁站拉提琴。那你为什么不把那50万元的奖票留下呢？"

小提琴手说："虽然我没钱，但我活得很快乐；假如我没了诚信，我一天也不会快乐。"

每日一省

第六十五节　保持理智

每日一读

绝学无忧；唯之与阿，相去几何？

善之与恶，相去若何？人之所畏，不可不畏。

【译文】断绝智巧的心思，反而使人没有分别计较的忧愁。则可以免除世俗之忧，也就是与世俗的“忧”隔绝开来。应诺和呵斥，相距有多远？美好和丑恶，又相差多少？人们所畏惧的，不能不畏惧。

每日一得

自觉心是进步之母，自贱心是堕落之源，故自觉心不可无，自贱心不可有。积极的人在每一次忧患中都看到一个机会，而消极的人则在每个机会都看到某种忧患。

每日一小故事

保持理智

两只乌鸦在树上对骂起来，它们越骂越凶，越吵越激动，最后一只乌鸦随口叼起一样东西向另一只乌鸦打去。

那东西击中另一只乌鸦后碎裂开来，这时丢东西的乌鸦才发现，自己打出去的东西原来是自己一只尚未孵化好的蛋。

【启示】遇到事情要冷静对待，尤其是遇到问题和矛盾时，要保持理智，不可冲动，冲动不仅不能解决问题，反而会使问题变得更糟，最后受损失的还是整个团队。

每日一省

______

______

______

第六十六节　换位思考

每日一读

上善若水。水善利万物而不争，处众人之所恶，故几于道。居，善地；心，善渊；与，善仁；言，善信；政，善治；事，善能；动，善时。夫唯不争，故无尤。

【译文】最善的人好像水一样。水善于滋润万物而不与万物相争，停留在众人都不喜欢的地方，所以最接近于“道”。最善的人，居处最善于选择地方，心胸善于保持沉静而深不可测，待人善于真诚、友爱和无私，说话善于恪守信用，为政善于精简处理，能把国家治理好，处事能够善于发挥所长，行动善于把握时机。最善的人所作所为正因为有不争的美德，所以没有过失，也就没有怨咎。

每日一得

发掘自己的“利用价值”：无论在哪个公司，你都要专注于发掘或者发展自己的利用价值，分成三个档次：

第一个档次，忍别人不能忍的。

第二个档次，做别人不能做的。

第三个档次，想别人不能想的。

每日一小故事

换位思考

小羊请小狗吃饭，它准备了一桌鲜嫩的青草，结果小狗勉强吃了两口就再也吃不下去了。

过了几天，小狗请小羊吃饭，小狗想：我不能像小羊那样小气，我一定要用最丰盛的宴席来招待它。于是小狗准备了一桌上好的排骨，结果小羊一口也吃不下去。

【启示】有时候，己之所欲，也勿施于人。凡事不要把自己的想法强加给同事，遇到问题的时候多进行一下换位思考，站在对方的角度上想想，这样，你会更好地理解同事、员工。

每日一省

第六十七节　少年买酒

每日一读

致虚极，守静笃；万物并作，吾以观复。夫物芸芸，各复归其根。归根曰静，静曰复命。复命曰常，知常曰明。不知常，妄作凶。知常容，容乃公，公乃全，全乃天，天乃道，道乃久，没身不殆。

【译文】尽力使心灵的虚寂达到极点，使生活清静坚守不变。万物都一齐蓬勃生长，我从而考察其往复的道理。那万物纷纷芸芸，各自返回它的本根。返回到它的本根就叫作清静，清静就叫作复归于生命。复归于生命就叫作自然，认识了自然规律就叫作聪明，不认识自然规律的轻妄举止，往往会出乱子和灾凶。认识自然规律的人是无所不包的，无所不包就会坦然公正，公正就能周全，周全才能符合自然的“道”，符合自然的道才能长久，终生不会遭到危险。

每日一得

人无忠信，不可立于世。不傲才以骄人，不以宠而作威。

每日一小故事

少年买酒

早年，尼泊尔的喜马拉雅山南麓很少有外国人涉足。后来，许多日本人到这里观光旅游，据说这是源于一位少年的诚信。一天，几位日本摄影师请当地一位少年代买啤酒，这位少年为之跑了 3 个多小时。第二天，那个少年又自告奋勇地再替他们买啤酒。这次摄影师们给了他很多钱，但直到第三天下午那个少年还没回来。于是，摄影师们议论纷纷，都认为那个少年把钱骗走了。第三天夜里，那个少年却敲开了摄影师的门。原来，他在一个地方只购得 4 瓶啤酒，于是，他又翻了一座山，蹚过一条河才购得另外 6 瓶，返回时摔坏了 3 瓶。他哭着拿着碎玻璃片，向摄影师交回零钱，在场的人无不动容。这个故事使许多外国人深受感动。后来，到这儿的游客就越来越多。

【启示】面对诱惑，不心动，不为其所惑，虽平淡如行云，质朴如流水，却让人领略到一种山高海深。这是一种闪光的品格——诚信。

每日一省

第六十八节　钥匙和锁

每日一读

太上，下知有之；其次，亲而誉之；其次，畏之；其次，侮之。信不足焉，有不信焉。悠兮，其贵言。功成事遂，百姓皆谓“我自然”。

【译文】最好的统治者，人民并不知道他的存在；其次的统治者，人民亲近他并且称赞他；再次的统治者，人民畏惧他；更次的统治者，人民轻蔑他。统治者的诚信不足，人民才不相信他，最好的统治者是多么悠闲。他很少发号施令，事情办成功了，老百姓说：“我们本来就是这样的。”

每日一得

复杂的事情要简单做。

简单的事情要认真做。

认真的事情要重复做。

重复的事情要创造性地做。

每日一小故事

钥匙和锁

一日，锁对钥匙埋怨道：“我每天辛辛苦苦为主人看守家门，而主人喜欢的却是你，总是每天把你带在身边。”而钥匙也不满地说：“你每天待在家里，舒舒服服的，多安逸啊！我每天跟着主人，日晒雨淋的，多辛苦啊！”

一次，钥匙也想过一过锁那种安逸的生活，于是把自己偷偷藏了起来。主人出门后回家，不见了开锁的钥匙，气急之下，把锁给砸了，并把锁扔进了垃圾堆里。

主人进屋后，找到了那把钥匙，气愤地说：“锁也砸了，现在留着你还有什么用呢？”说完，把钥匙也扔进了垃圾堆里。

在垃圾堆里相遇的锁和钥匙，不由感叹起来：“今天我们落得如此可悲的下场，都是因为过去我们在各自的岗位上，不是相互配合，而是相互妒忌和猜疑啊！”

每日一省

____

____

____

第六十九节 怒打行贿人

每日一读

希言自然。故飘风不终朝，骤雨不终日，孰为此者？天地。天地尚不能久，而况于人乎？故从事于道者，同于道。德者同于德；失者同于失。同于道者，道亦乐得之；同于德者，德亦乐得之；同于失者，失亦乐得之。信不足焉，有不信焉！

【译文】不言政令不扰民是合乎于自然的。狂风刮不了一个早晨，暴雨下不了一整天。谁使它这样的呢？天地。天地的狂暴尚且不能长久，更何况是人呢？所以，从事于道的就同于道，从事于德的就同于德，从事于失的人就同于失。同于道的人，道也乐于得到他；同于德的人，德也乐于得到他；同于失的人，失也乐于得到他。统治者的诚信不足，就会有人不信任。

每日一得

有信念不一定成功，没信念一定会失败。

合理的要求是训练，不合理的要求是磨炼。

世上没有绝望的处境，只有对处境绝望的人。

每日一小故事

怒打行贿人

唐朝贞元年间，著名诗人白居易考中进士后，被派往陕西周至当县令。他刚上任，城西的赵乡绅和李财主就为争夺一块地跑到县衙打官司。为了能打赢官司，赵乡绅差人买了一条大鲤鱼，在鱼肚中塞满银子送到县衙。而李财主则命长工从田里挑了个大西瓜，掏出瓜瓤，也塞满银子送了来。收到两份“重礼”后，白居易吩咐手下贴出告示，明天公开审案。

第二天，县衙门外挤满了看热闹的百姓。白居易升堂后问道：“你们哪个先讲？”赵乡绅抢着说：“大人，我的理（鲤）长，我先讲。”李财主也不甘示弱说：“我的理（瓜）大，该我先讲。”白居易沉下脸说：“什么理长理大？成何体统！”赵乡绅以为县太爷忘了自己送的礼，连忙说：“大人息怒，小人是个愚（鱼）民啊！”白居易微微一笑说：“本官耳聪目明，用不着你们旁敲侧击，更不喜欢有人暗通关节。来人，把贿赂之物取来示众。”衙役取来鲤鱼和西瓜，当众抖出银子，听审者一片哗然。白居易厉声喝道：“大胆刁民，胆敢公然贿赂本官，按大唐律法各打四十大板！”赵乡绅和李财主吓得瘫倒在地，衙役把他们拖到一边狠狠地打了起来，众百姓无不拍手称快。杖刑完毕，白居易斥道：“周至县就是被你们这些不法之徒搅得乌烟瘴气，今日责打，就是要你们今后奉公守法，老实做人。至于这些行贿的银子，我看就用来救济贫苦百姓吧！”

【启示】为官者作为社会团队的一分子，必要守住诚信的底线，才能真正成为千古的好官。

每日一省

第七十节　手指的争吵

每日一读

企者不立；跨者不行。自见者不明；自是者不彰。自伐者无功；自矜者不长。其在道也曰：余食赘行。物或恶之，故有道者不处。

【译文】踮起脚跟想要站得高，反而站立不住；迈起大步想要前进得快，反而不能远行。自逞己见的反而得不到彰明；自以为是的反而得不到显昭；自我夸耀的建立不起功勋；自高自大的不能做众人之长。从道的角度看，以上这些急躁炫耀的行为，只能说是剩饭赘瘤。因为它们是令人厌恶的东西，所以有道的人决不这样做。

每日一得

成功来源于选择，动力来源于梦想；
成长来源于学习，运气来源于行动；
强大来源于合作，管理来源于人格；
辉煌来源于长久，收获来源于付出。

每日一小故事

手指的争吵

一天，五根手指在一起闲着没事，就谁是最优秀的话题争吵起来，大拇指说：在咱们五个当中我是最棒的，你们看，首先，我是最粗最壮的一个，无论赞美谁，夸奖谁，都把我竖起来，所以我是最棒的……这时，食指站了出来说：咱们五个我是最厉害的，谁要是出现错误，谁有不对的地方，我都会把他指出来……中指拍拍胸脯骄傲的说：看你们一个个矮的矮，小的小，哪有一个像样的，其实我才是真正顶天立地的英雄……到无名指了，他更是不服气：你们都别说了，人们最信任的就属我了，你们看，当一对情侣喜结良缘的时候，把那颗代表着真爱的钻戒不都戴在我的身上么……到了小指，看他矮矮矬矬的，可最有精神，他说：你们都别说了，看我长的小么？当每个人虔心拜佛、祈祷的时候不都把我放在最前面么……

【启示】其实每个人都有自己的长处，都有缺点，只要能取人长、补己短，相互合作就是完美的。

每日一省

第二章
生命教育

习近平总书记关于生命至上的论述

“人民至上、生命至上，保护人民生命安全和身体健康可以不惜一切代价。”

——2020 年 5 月 22 日，习近平在十三届人大三次会议内蒙古代表团审议时的讲话

“面对疫情，我们要践行人民至上、生命至上理念。要调集一切资源，科学防治，精准施策，不遗漏一个感染者，不放弃一位患者，坚决遏制疫情蔓延。”

——2020 年 9 月 22 日，习近平在第七十五届联合国大会一般性辩论上的讲话

第一节　贩毒导致被判死刑

每日一读

《中华人民共和国刑法》

第三百四十七条　走私、贩卖、运输、制造毒品，无论数量多少，都应当追究刑事责任，予以刑事处罚。走私、贩卖、运输、制造毒品，有下列情形之一的，处十五年有期徒刑、无期徒刑或者死刑，并处没收财产：（一）走私、贩卖、运输、制造鸦片一千克以上、海洛因或者甲基苯丙胺五十克以上或者其他毒品数量大的；（二）走私、贩卖、运输、制造毒品集团的首要分子；（三）武装掩护走私、贩卖、运输、制造毒品的；（四）以暴力抗拒检查、拘留、逮捕，情节严重的；（五）参与有组织的国际贩毒活动的。

案例教学

贩毒导致被判死刑

唐小平，男，汉族，1969 年 8 月 16 日出生，农民。1992 年 6 月 18 日因犯盗窃罪被判处有期徒刑三年；2004 年 11 月 26 日因犯故意伤害罪被判处有期徒刑十一个月；2010 年 11 月 22 日因犯抢劫罪被判处有期徒刑二年，2012 年 4 月 1 日刑满释放。

2012 年 11 月中旬，唐小平到缅甸联邦邦康市向尼果（已被缅甸司法机关判刑）购买 200 万颗甲基苯丙胺片剂（俗称“麻古”）。尼果联系彭勇（另案处理，已判刑）将该批毒品走私入境，后彭勇与唐家庄（另案处理，已判刑）将二人向尼果购买的 75 万颗甲基苯丙胺片剂与唐小平所购毒品一起藏在改装的重型货车车厢夹层内进行运输。同年 12 月 2 日，公安人员在云南省孟连傣族拉祜族佤族自治县（以下简称孟连县）一公路上截停上述货车，从车厢夹层内查获甲基苯丙胺片剂共计 256. 74 千克，并将唐家庄抓获。唐小平已于 2016 年 6 月 17 日被依法执行死刑。

前车之鉴

走私毒品属于源头性毒品犯罪，境外毒品被走私入境后，经犯罪分子层层转卖、运输，扩散至广大内地城市和吸食消费环节，造成了严重的社会危害。“金三角”缅北地区是国内消费市场上甲基苯丙胺片剂的主要来源。本案就是一起典型的将甲基苯丙胺片剂从缅北地区走私入境的跨国毒品犯罪。该案参与人员、犯罪环节众多，涉案毒品数量、毒资数额特别巨大。被告人唐小平两次以贩卖为目的走私毒品入境，其直接联系境外人员购买毒品，利用或纠集他人运输毒品，在共同犯罪中罪责最为突出，且有盗窃、故意伤害、抢劫等多次犯罪前科。人民法院根据唐小平的毒品犯罪数量、情节、危害后果及其在共同犯罪中的地位、作用，并综合考虑其主观恶性、人身危险性，对其判处死刑，体现了依法严惩走私毒品犯罪的一贯立场。希望广大青少年朋友提高认识，充分认识毒品的危害，慎重交友，远离毒品。

每日一省

第二节　吸毒是无知的结果

每日一读

《中华人民共和国治安管理处罚法》

第七十二条　有下列行为之一的，处十日以上十五日以下拘留，可以并处二千元以下罚款；情节较轻的，处五日以下拘留或者五百元以下罚款：

（一）非法持有鸦片不满二百克、海洛因或者甲基苯丙胺不满十克或者其他少量毒品的；

（二）向他人提供毒品的；

（三）吸食、注射毒品的；

（四）胁迫、欺骗医务人员开具麻醉药品、精神药品的。

案例教学

吸毒是无知的结果

黄澜，女，34 岁，平江县城关镇人。1999 年 11 月的一个下午，她从岳阳乘车回平江，车上遇见了久未谋面的初中同学马林，马林邀请她到家里去玩。第二日晚上，黄澜应邀前往，她没有料到，这一去竟给她的将来埋下了惨败的一笔。

到了马家，马林从抽屉里拿出一个纸包问黄澜："你平时感冒多吗？这东西除了能治感冒外，还能提神，只要吸上几口就像做神仙！"黄澜知道是毒品，马上推辞说："这东西我一辈子都不会碰的。"说罢起身就要走，马林又拦在黄澜前转换话题问她在哪里上班，工作辛苦不辛苦。黄澜如实说："每天三班倒，累得人都要散架了。"这话正中了马林的圈套，他又以三寸不烂之舌头把毒品的"神奇功效"吹得天花乱坠，并说吸毒没有一年半月是不会上瘾的。黄澜信了，心想"自己玩几次也不会碍事"，而这一吸却让她没能摆脱掉"对海洛因的想念"。

这些年来，黄澜因吸毒而爱上了睡懒觉，丢掉了工作，还把和丈夫省吃俭用积攒起来的 8 万元吸得精光。回首往事，她感叹说："若是当初对毒品多点了解，就不会落到今天这个样子了。"

前车之鉴

有不少人因无知而犯上吸毒。要抵制毒魔，首先我们必须明白什么是毒品。

毒品通常是指鸦片、海洛因、吗啡、大麻、可卡因、摇头丸、k 粉、冰毒以及国家规定管制的能够使人形成瘾癖的麻醉药品和精神药品。它吸食或注射到人体后，能使人产生短暂的兴奋和幻觉，损害大脑，影响中枢神经、心脏功能血液循环及呼吸系统功能，还会影响正常的生殖能力，降低免疫能力，感染乙肝和丙肝，它最容易传染各种皮肤病、性病和艾滋病。希望广大青少年珍爱生命，远离毒品。

每日一省

第三节　持毒持枪被判死刑

每日一读

《中华人民共和国刑法》

第三百四十八条　【非法持有毒品罪】非法持有鸦片一千克以上、海洛因或者甲基苯丙胺五十克以上或者其他毒品数量大的，处七年以上有期徒刑或者无期徒刑，并处罚金；非法持有鸦片二百克以上不满一千克、海洛因或者甲基苯丙胺十克以上不满五十克或者其他毒品数量较大的，处三年以下有期徒刑、拘役或者管制，并处罚金；情节严重的，处三年以上七年以下有期徒刑，并处罚金。

案例教学

持毒持枪被判死刑

洪海沿，男，汉族，1972 年 10 月 16 日出生，农民。2012 年 7 月至 2013 年 5 月，洪海沿在其位于广东省陆丰市甲西镇西山一村的旧屋内，伙同他人制造甲基苯丙胺（冰毒），并将制造出的部分毒品藏匿于其在该村的住宅和所经营的“伟发商场”内。2013 年 5 月 23 日，公安人员抓获洪海沿时，当场从其旧屋、住宅和“伟发商场”内查获甲基苯丙胺共计 8605 克，含甲基苯丙胺成分的液体共计 45.51 千克及化学品、制毒工具一批。同时，从洪海沿住宅和“伟发商场”内查获手枪 3 支、猎枪 1 支、制式手枪弹 46 发及其他子弹 84 发。

法院认为，被告人洪海沿伙同他人制造甲基苯丙胺，其行为已构成制造毒品罪；洪海沿违反枪支管理规定，非法持有枪支、子弹，其行为又构成非法持有枪支、弹药罪。洪海沿制造毒品数量巨大，社会危害大，罪行极其严重，应依法惩处。对洪海沿所犯数罪，应依法并罚。据此，依法对被告人洪海沿判处并核准死刑，剥夺政治权利终身，并处没收个人全部财产。洪海沿已于2015年11月24日被依法执行死刑。

前车之鉴

近年来，随着以甲基苯丙胺为代表的合成毒品在我国滥用人数的不断增长，制造合成毒品犯罪呈加剧之势，制造甲基苯丙胺犯罪突出。本案就是一起典型的制造甲基苯丙胺犯罪案件。被告人洪海沿伙同他人在自家旧屋内制造甲基苯丙胺，数量达8000余克，其还非法持有枪支、弹药，情节严重，具有严重的社会危害性。人民法院根据其犯罪事实、情节，依法对其判处死刑，体现了对制造合成毒品这类源头性毒品犯罪的严厉惩治，充分发挥了刑罚的威慑作用。希望广大青少年朋友正确认识毒品，正确使用手机，不熟悉的QQ号、微信号不要乱加，千万不要相信天上会掉馅饼。

每日一省

第四节　吸毒后误杀死幼儿

每日一读

《中华人民共和国刑法》

第三百五十三条　【引诱、教唆、欺骗他人吸毒罪；强迫他人吸毒罪】引诱、教唆、欺骗他人吸食、注射毒品的，处三年以下有期徒刑、拘役或者管制，并处罚金；情节严重的，处三年以上七年以下有期徒刑，并处罚金。

强迫他人吸食、注射毒品的，处三年以上十年以下有期徒刑，并处罚金。

引诱、教唆、欺骗或者强迫未成年人吸食、注射毒品的，从重处罚。

案例教学

吸毒后误杀死幼儿

被告人陈万寿，男，汉族，1979年10月17日出生，农民。陈万寿常年吸毒，曾被强制隔离戒毒二年后复吸毒品。2013年9月20日12时许，陈万寿在广东省湛江市麻章区太平镇岭头村家中吸毒产生幻觉后，持菜刀闯入邻居陈某甲住宅，挟持陈某甲之子陈某乙（被害人，殁年3岁），威胁在一旁劝阻的群众。公安人员接警后赶到现场，陈万寿将陈某乙挟持至院内，不顾众人劝解，持菜刀砍切陈某乙颈部一刀，致其当场死亡。法院认为，被告人陈万寿故意非法剥夺他人生命，其行为已构成故意杀人罪。据此，依法对被告人陈万寿判处并核准死刑，剥夺政治权利终身。罪犯陈万寿已于 2016 年 1 月 22 日被依法执行死刑。

前车之鉴

毒品具有中枢神经兴奋、抑制或者致幻作用，会使吸毒者出现兴奋、狂躁、抑郁，甚至被害妄想、幻视幻听等症状，进而导致其自伤自残或实施暴力犯罪。近年来，因吸毒诱发的故意杀人、故意伤害等暴力犯罪频发，严重危害社会治安，有的案件造成了恶劣的社会影响。本案就是一起因吸毒诱发故意杀人犯罪的典型案例。被告人陈万寿与被害人是邻居，两家平日关系尚好。陈万寿长期吸毒，曾被强制隔离戒毒，后又复吸，且此前曾有过吸毒致幻现象。陈万寿作案前一小时左右吸食毒品，随后产生幻觉，持菜刀闯入邻居家中挟持年仅 3 岁的被害人陈某乙，并不顾到场公安人员和群众的劝阻，将陈某乙残忍杀害。该案充分反映出毒品对吸毒者本人、家庭乃至社会的严重危害。广大群众尤其是青少年应当切实提高识毒、防毒、拒毒的意识和能力，珍爱生命，远离毒品。

每日一省

第五节　吸食毒品导致死亡

每日一读

《中华人民共和国刑法》

第三百五十七条【毒品的范围及毒品数量的计算原则】本法所称的毒品，是指鸦片、海洛因、甲基苯丙胺（冰毒）、吗啡、大麻、可卡因以及国家规定管制的其他能够使人形成瘾癖的麻醉药品和精神药品。

毒品的数量以查证属实的走私、贩卖、运输、制造、非法持有毒品的数量计算，不以纯度折算。强迫他人吸食、注射毒品的，处三年以上十年以下有期徒刑，并处罚金。引诱、教唆、欺骗或者强迫未成年人吸食、注射毒品的，从重处罚。

案例教学

吸食毒品导致死亡

2010 年 7 月 5 日，广西灌阳县的一名初中一年级的学生，因为吸食毒品而死亡。死亡的学生名叫陈桥，14 岁，在桂林市灌阳县民族中学读初中一年级。事发当天中午，陈桥从学校回到家中，当时他坐在客厅沙发上，陈桥的母亲在厨房里忙乎着午饭，陈桥妈妈回忆："突然听到扑通的一声，孩子从沙发上面掉在了地上，看到他脚手都抽筋了，我马上跑出来把他扶在沙发上。"当时陈桥口吐白沫倒在地上，四肢抽搐，神志不清，家人赶紧拨打了 120 急救电话。医生诊断为：吸毒过量。经过几个小时的抢救，也没能留住陈桥的生命。同时灌阳县公安局民警也来到医院为陈桥做了尿检，证明他曾吸食毒品 K 粉，医院也认定陈桥是过量吸食 K 粉而导致呼吸循环衰竭，最终死亡的。

前车之鉴

根据中小学生生理、心理特点和课业安排，初中二年级是进行毒品预防教育的最佳时期。各学校要在普遍开展毒品预防教育的同时，把初中二年级学生作为"毒品预防"主题教育的重点。结合实际，采取切实有效措施，通过课堂教学、团日活动、社会实践、校园广播、橱窗等多种形式，加大毒品预防教育力度，并不断探索适合于初二学生特点的教育方式和方法。各级禁毒、综治、教育行政部门和共青团组织要重点抓好若干所"中学生毒品预防教育活动示范学校"，充分发挥示范学校的导向和辐射作用，以典型带动全局，并运用解剖麻雀的方法，不断探求规律特点，推动中小学生毒品预防教育工作。示范学校的日常工作以教育行政部门为主，禁毒、综治部门和共青团组织积极辅助。我校要充分利用学校的毒品预防教育实验学校建设平台，加强对青少年的毒品预防教育，让他们充分认识毒品的危害。

每日一省

____

____

____

第六节　通过网络贩卖毒品

每日一读

《中华人民共和国刑法》

第三百四十七条　【走私、贩卖、运输、制造毒品罪】走私、贩卖、运输、制造毒品，无论数量多少，都应当追究刑事责任，予以刑事处罚。走私、贩卖、运输、制造毒品，处十五年有期徒刑、无期徒刑或者死刑，并处没收财产。利用、教唆未成年人走私、贩卖、运输、制造毒品，或者向未成年人出售毒品的，从重处罚。

案例教学

通过网络贩卖毒品

孙静，女，汉族，1993 年 6 月 9 日出生，无业。2013 年 9 月至 2014 年 3 月，孙静购得甲基苯丙胺后，以其创建的百度贴吧“三妈很强大”及 QQ 群“当岔道已成往事”“一口浓烟吐出美好明天”等为载体联系毒品买家，在网上约定交易细节后，将毒品藏在玩具兔子内通过快递寄给买家。孙静多次从在网上认识的杜仲伟（另案处理，已判刑）处购买甲基苯丙胺共计 1000 余克，从黄辉、周丽瑶（均另案处理，已判刑）处购买甲基苯丙胺 110 克，通过网络将购得的毒品贩卖给北京、辽宁、山东、江苏等 20 余个省份的吸毒人员，发送快递共计 200 余件，获毒赃 55 万余元。2014 年 2 月中下旬，被告人孙静在明知刘某某系未成年人的情况下，仍指使刘为其发送装有甲基苯丙胺的快递，并指使刘协助其对 QQ 群“当岔道已成往事”进行管理。同年 3 月 6 日，孙静前往湖南省郴州市欲向黄辉、周丽瑶购买毒品时被抓获，公安人员当场查获其购毒款 3.46 万元。法院认为，孙静贩卖毒品数量大，并利用未成年人贩卖毒品，且多次、向多人贩卖，犯罪情节恶劣，社会危害大，应依法从重处罚。据此，依法对被告人孙静判处无期徒刑，剥夺政治权利终身，并处没收个人全部财产。

前车之鉴

随着信息网络的普及，网络涉毒犯罪呈快速蔓延之势，主要表现为利用网络贩卖毒品、买卖制毒物品、传播制毒技术和组织他人吸毒等。本案就是一起利用互联网贩卖毒品的典型案例。被告人孙静创建百度贴吧、QQ 群用于联系毒品买家，涉毒网络群组人数众多；在短短数月内，其发送涉毒快递 200 余件，贩卖对象覆盖 20 余个省份的吸毒人员，反映出网络毒品犯罪影响范围广、不受地域限制、社会危害大的现实特点。同时，孙静虽有吸毒行为，但其短期内大量购入毒品，主要是为了贩卖，人民法院按照其购买的毒品数量认定其贩卖毒品数量，仅在量刑时对其吸食毒品的情节予以酌情考虑，体现了对此类犯罪的依法从严惩处。当前，互联网是广大青少年获取外界信息的重要渠道，利用互联网实施的毒品犯罪较传统犯罪具有更大的危害性和影响力，对于网络涉毒犯罪应保持高压态势，坚决遏制毒品通过网络渠道蔓延。

每日一省

第七节　别拿性命交换快感

每日一读

《中华人民共和国民法典》

第一千一百六十九条　教唆、帮助他人实施侵权行为的，应当与行为人承担连带责任。

教唆、帮助无民事行为能力人、限制民事行为能力人实施侵权行为的，应当承担侵权责任；该无民事行为能力人、限制民事行为能力人的监护人未尽到监护职责的，应当承担相应的责任。

案例教学

别拿性命交换快感

24 岁，正值豆蔻年华。而冯丹满 24 岁生日不到 10 天，却因一针海洛因命归西天。

冯丹人长得漂亮，还有一份能养活自己的工作。2002 年 3 月，她被好友拉出去玩，染上毒瘾。2003 年 5 月，因吸毒被公安部门抓去强制戒毒，后在恋人的鼓励下戒掉了毒瘾。

2007 年 4 月，冯丹回娘家。不料一起吸过毒的几个瘾君子知道了她回家的消息，便相继找上门来。冯丹先是推辞，他们就给她讲以前一块吸毒的事，又拿出白粉在她面前展示。几天的夹击，冯丹终于敌不过诱惑，又一头栽到了白粉里。也许是几年未吸毒的原因，再度吸毒的冯丹如饥似渴，直到一天父母发现躺倒在床的她已全身冰凉，没了气息。冯丹因吸食毒品过度葬送了自己的性命。

前车之鉴

生命诚可贵。冯丹只因好玩染上毒瘾，最终将自己年轻的性命葬送。拿宝贵的生命换来短暂的快乐，这是多么荒谬和可笑的交换，然而冯丹在初尝吸毒的时候又怎会想到其代价的沉重呢？

目前，重庆市吸毒违法人员有数千人，年龄最大的近 60 岁，最小的为 16 岁，每年因为吸毒过量而死亡的就有近 10 人。这些人与冯丹一样，他们沉迷毒海的时候是不会想到代价的沉重的。所以，热爱生命的人们，在濒临毒海之前就请收步吧。

每日一省

第八节 留人吸毒，害人害己

每日一读

《中华人民共和国刑法》

第三百五十四条 【容留他人吸毒罪】容留他人吸食、注射毒品的，处三年以下有期徒刑、拘役或者管制，并处罚金。

引诱、教唆、欺骗或者强迫未成年人吸食、注射毒品的，从重处罚。

案例教学

留人吸毒，害人害己

周某，现年16岁，初中文化，吸毒史一年。八岁时父母离异，其父又为他找了后妈，后妈有一个比他小四岁的儿子。由于其父常年在外跑车，对他缺乏关爱与教育，当他出现错误不能及时批评让他纠正。周某在家经常辱骂后妈，欺负后妈带来的弟弟，后妈根本管不了他。2008年7月，周某从一乡村小学毕业，由于无所事事，他很快结交了一些社会上的不良青年，2009年9月，作为初二学生的他，在校不好好学习，经常旷课，不完成作业。一个星期六的晚上，周某和三个朋友在一家网吧上完网后，经其中有吸毒史朋友的怂恿，周某开始吸毒，从此便开始了瘾君子的生活。周某供述，他第一次吸毒完全是因为盲从，看见自己的朋友吸，自己觉得好玩就跟着吸，谁知从此便上瘾。为了得到吸毒费用，他先是谎称自己要交这样那样的费用，从父亲那里骗钱。随着毒瘾的加大，骗来的钱也不够用了，他先是把家里值钱的东西拿去卖，后来经常小偷小摸，2010年9月，周某在一所职业中学附近抢劫一名学生，持刀杀人，被警方当场抓获。

前车之鉴

青少年学生思想敏锐，少有保守思想，好奇心强，敢想敢做。但由于他们年少无知，思维的片面性很大，在许多新事物面前，一旦把握不好，非常容易走入误区。

在遭遇毒品之前他们很少懂得毒品的知识，即使知道“毒害”二字，但毒在哪里，害有多深，却一片茫然。相反，他们听人吹什么“吸毒可以让人飘飘欲仙”“想什么来什么”“没有一切烦恼，精神特爽”等，往往信以为真，产生找一找“感觉”的强烈欲望。常常三五个人混在一起，讲什么“哥们义气”“姐妹情深”，崇尚什么“有福同享、有难同当”。在他们当中，一旦有一个人吸毒，很容易引起交叉感染。所以，希望广大青少年提高自我防范意识。

每日一省

第九节 姐妹情深追求时尚

每日一读

《中华人民共和国刑法》

第三百五十五条 【非法提供麻醉药品、精神药品罪】依法从事生产、运输、管理、使用国家管制的麻醉药品、精神药品的人员，违反国家规定，向吸食、注射毒品的人提供国家规定管制的能够使人形成瘾癖的麻醉药品、精神药品的，处三年以下有期徒刑或者拘役，并处罚金；情节严重的，处三年以上七年以下有期徒刑，并处罚金。向走私、贩卖毒品的犯罪分子或者以牟利为目的，向吸食、注射毒品的人提供国家规定管制的能够使人形成瘾癖的麻醉药品、精神药品的，依照本法第三百四十七条的规定定罪处罚。

案例教学

姐妹情深追求时尚

为追求新潮和酷感，3 个 90 后女孩竟想出了用吸食毒品作为庆祝生日的方式，还邀请了 3 个男孩一起到宾馆来“分享”毒品。长寿区检察院已提起公诉，这 3 个女孩因犯容留他人吸毒罪，已于 2016 年 1 月 7 日被法院分别判处拘役 5 个月。今年 20 岁的小丽，和同龄的小馨，以及 21 岁的小红，是很要好的朋友，3 人都没有正式职业。去年 10 月 24 日是小丽的生日。为了能让这个生日过得刺激、够酷，小丽和姐妹们竟有了一起吸毒庆祝的想法。于是，小丽将自己的身份证和 100 元钱交给小馨和小红，拜托两人帮自己到长寿区某宾馆开一间房。她还神秘地暗示姐妹们“晚上有好节目”。小馨和小红来到宾馆后，用小丽的身份证和两人各自的身份证一起开了一间房，并交了 100 元房费，小红还帮忙垫付了 100 元押金。当天下午，小丽和两个姐妹邀约另外 3 个“90 后”男孩，一起来到宾馆房间为小丽庆贺生日。期间，6 个人一起吸食了冰毒。第二天凌晨，小丽被公安机关捉获，小馨和小红也很快落网。据小丽交代，吸食冰毒是她们早就计划好的庆贺生日的方式。

前车之鉴

近年来，容留他人吸毒犯罪案件增长迅速。其中，一些娱乐场所的经营者、管理者为招揽生意而容留他人吸毒的案件时有发生。该案例告诫娱乐场所的经营者、管理者，应当认真遵守国家禁毒法律法规，严格落实禁毒防范措施，预防毒品违法犯罪在本场所内发生，发现娱乐场所内有毒品违法犯罪活动的，应立即向公安机关报告，决不能为了招揽生意或者碍于情面而容留他人吸毒。禁绝毒品，人人有责，作为公共场所的经营者、管理者，更应提高防毒拒毒的责任意识。我们一定要增强拒毒、防毒、禁毒意识。

每日一省

____

____

____

第十节　假释期间贩卖毒品

每日一读

《中华人民共和国刑法》

第三百五十六条　【毒品犯罪的再犯】因走私、贩卖、运输、制造、非法持有毒品罪被判过刑，又犯本节规定之罪的，从重处罚。

本法所称的毒品，是指鸦片、海洛因、甲基苯丙胺（冰毒）、吗啡、大麻、可卡因以及国家规定管制的其他能够使人形成瘾癖的麻醉药品和精神药品。

案例教学

假释期间贩卖毒品

被告人舒余坤，男，汉族，1973 年 5 月 14 日出生，农民。2000 年 4 月 17 日因犯贩卖毒品罪被判处无期徒刑，剥夺政治权利终身，并处没收财产，2011 年 10 月 12 日被假释，假释考验期至 2014 年 9 月 4 日。

2014 年 2 月 22 日，被告人舒余坤在云南省寻甸回族彝族自治县倘甸镇的租住房内，向从贵州省贵阳市来向其购买海洛因的杨平、罗太会（均系同案被告人，已判刑）贩卖毒品。2 月 23 日，杨平、罗太会携带海洛因返回贵阳市，于当日 19 时 30 分许在贵阳市云岩区金关收费站被抓获，公安人员当场从罗太会的提包中查获 1194 克海洛因。2 月 28 日，公安人员在云南省昆明市倘甸工业园区冯家村将舒余坤抓获，当场从其家中查获 1050.4 克海洛因。罪犯舒余坤已于 2016 年 6 月 21 日被依法执行死刑。

前车之鉴

当前，毒品犯罪中累犯、再犯的比例较高，部分毒品犯罪分子在假释或者暂予监外执行期间又实施毒品犯罪，反映出较深的主观恶性和人身危险性，历来是毒品犯罪的重点惩治对象。本案就是一起毒品犯罪分子在假释考验期内又大量贩卖毒品，被依法判处死刑的典型案例。吸食毒品花费巨大，且戒断难度大、复吸比例较高。一旦沾染毒品，即如同踏上一条“不归路”，一些吸毒人员因此倾家荡产、家庭破裂，也有一些吸毒人员为获取购毒资金不惜以身试法、铤而走险。近年来，无收入来源的吸毒人员为获取毒资，实施抢劫、盗窃等侵财性犯罪的案件呈上升趋势。希望广大青少年能够深刻认识本案例的警示作用，自觉远离毒品、抵制毒品危害。

每日一省

第十一节　到底什么是艾滋病

每日一读

2006年1月18日国务院第122次常务会议通过了《艾滋病防治条例》（以下简称《条例》），1月29日，国务院总理温家宝签署第457号国务院令，自2006年3月1日起施行。《条例》第一条规定：“为了预防、控制艾滋病的发生与流行，保障人体健康和公共卫生，根据传染病防治法，制定本条例。”

案例教学

到底什么是艾滋病

2016年10月28日中国疾控中心副主任梁晓峰在中国—东盟疾病防控合作论坛上表示，截至2015年年底，中国发现现存活的艾滋病病毒感染者共计57.7万人，死亡18.2万。经测算估计全国人群总感染率0.06%，即每1万人中有6人“染艾”，仍有32.1%感染者未被发现。数据显示，2008—2015年中国HIV检测量快速上升，2015年，全国约有超过1.43亿人接受了HIV检测，占总人口的10%。

艾滋病，又名“获得性免疫缺陷综合征”，是由人类免疫缺陷病毒（HIV）感染引起的。这种病毒不断攻击人体免疫系统，使人体免疫力下降。但感染HIV不等于患上艾滋（AIDS）。HIV感染者是体内有HIV病毒的人；病毒会攻击免疫细胞，当HIV感染者的CD4 <200，就发展成艾滋病了（CD4细胞是人体免疫系统中的一种重要免疫细胞）。

前车之鉴

为什么要就艾滋病防治问题专门制定行政法规？

艾滋病是我国重点防治的重大传染病，艾滋病防治工作是我国公共卫生工作的重要组成部分。艾滋病防治工作涉及禁毒等社会环境综合整治、特殊人群不良行为的改变等多方面因素，比较特殊和复杂，传染病防治法不能完全解决艾滋病防治的问题。因此，《传染病防治法》第二十四条规定：防止艾滋病传播的具体办法由国务院制定。

每日一省

____

____

____

第十二节　重庆市艾滋病防治

每日一读

《艾滋病防治条例》

第二条　艾滋病防治工作坚持预防为主、防治结合的方针，建立政府组织领导、部门各负其责、全社会共同参与的机制，加强宣传教育，采取行为干预和关怀救助等措施，实行综合防治。

第五条　国务院卫生主管部门会同国务院其他有关部门制定国家艾滋病防治规划；县级以上地方人民政府依照本条例规定和国家艾滋病防治规划，制定并组织实施本行政区域的艾滋病防治行动计划。

案例教学

重庆市艾滋病防治

2013 年 1 月 15 日重庆市卫生局公布了《关于全市艾滋病定点医疗机构的通知》（渝卫办〔2013〕13 号），对我市艾滋病患者和病毒感染者抗病毒治疗工作提出如下要求：

一是各定点医疗机构要加强设备、设施、人员、技术等能力建设，加强医务人员业务培训，提高对艾滋病患者和病毒感染者的综合医疗服务能力。二是各定点医疗机构要严格落实首诊负责制，严禁推诿、拒绝为艾滋病患者和病毒感染者提供诊疗服务的行为发生。三是其他医疗机构在不具备艾滋病特殊诊疗条件时，要及时做好会诊和转诊工作。四是各区县（自治县）卫生行政部门要加强对艾滋病患者和病毒感染者抗病毒治疗及其他医疗服务工作的监督管理，确保患者得到及时有效的治疗。

前车之鉴

人们谈艾色变，对于艾滋病的误解，早些年主要是集中在传播途径上，比如说拥抱、亲吻是不是会感染艾滋病。但是近些年随着媒体的大肆报道，人们对艾滋病的认识和对艾滋病患者越来越理性。这从《艾滋病防治条例》制定时的总体思路就可看出：一是着重控制艾滋病传播的社会行为因素，重点规范有易感染艾滋病病毒危险行为人群的高危险行为；二是政府主导与全社会参与相结合，充分发挥社会力量在艾滋病防治工作中的作用；三是艾滋病防治工作与禁毒戒毒、打击卖淫嫖娼工作相协调；四是加强宣传教育；五是处理好保护特殊人群的合法权益与采取控制措施的关系。

每日一省

第十三节　临汾的红丝带学校

每日一读

《艾滋病防治条例》

第三条　任何单位和个人不得歧视艾滋病病毒感染者、艾滋病病人及其家属。艾滋病病毒感染者、艾滋病病人及其家属享有的婚姻、就业、就医、入学等合法权益受法律保护。

第四十五条　生活困难的艾滋病病人遗留的孤儿和感染艾滋病病毒的未成年人接受义务教育的，应当免收杂费、书本费；接受学前教育和高中阶段教育的，应当减免学费等相关费用。

第四十六条　县级以上地方人民政府应当对生活困难并符合社会救助条件的艾滋病病毒感染者、艾滋病病人及其家属给予生活救助。

案例教学

临汾的红丝带学校

山西临汾，郁郁葱葱的泡桐树掩映着一所不起眼的学校——临汾红丝带学校，它是目前国内唯一一所艾滋病患儿学校，孩子们在校园里快乐地奔跑着。他们都是艾滋病毒携带者，其中有不少孩子还是孤儿，他们或是被家人遗弃、或是父母早已逝去，在社会上曾经饱受歧视。在这所学校里，孩子们重新找到温暖和关怀，久违的笑容再次跃然脸上。

学校的前身是临汾市传染病医院绿色港湾病区，当时，4 名艾滋病患儿在病区住院诊治，但这些孩子因为不被社会接受，不能接受到任何文化教育。于是，医院腾出一间病房，摆上小课桌，由医生和护士们抽空教文识字。后来，住院治疗的儿童增加到了 16 名。2006 年，医院自办成立了全国首家专门收治艾滋病患儿的全日制学校。现在，临汾红丝带学校的学生来自至全省甚至全国，共 32 人。学生在校的吃、住、穿、医疗等费用都由学校无偿负担。

前车之鉴

艾滋病患者现在虽能得到国家和社会的关爱，但这不是你能任性的理由。我们应珍爱生命，从源头上杜绝感染艾滋病的可能。南宁市第四人民医院艾滋病科杜丽群护士长，2013 年荣获我国卫生系统授予个人的最高荣誉——白求恩奖章，她在谈到艾滋病防治工作时发出来强烈的感人的呼吁：社会需要关爱艾滋病群体，真正理解和支持医护工作者。让医者无惧，患者无忧，哪怕再弱小的生命，都应该得到尊重。

每日一省

______

______

______

第十四节　永川区防艾新模式

每日一读

《艾滋病防治条例》

第七条　各级人民政府和政府有关部门应当采取措施，鼓励和支持有关组织和个人依照本条例规定以及国家艾滋病防治规划和艾滋病防治行动计划的要求，参与艾滋病防治工作，对艾滋病防治工作提供捐赠，对有易感染艾滋病病毒危险行为的人群进行行为干预，对艾滋病病毒感染者、艾滋病病人及其家属提供关怀和救助。

第三十九条　未经本人或者其监护人同意，任何单位或者个人不得公开艾滋病病毒感染者、艾滋病病人及其家属的姓名、住址、工作单位、肖像、病史资料以及其他可能推断出其具体身份的信息。

案例教学

永川区防艾新模式

2004 年重庆市永川区成立了由区长任主任，卫生、公安等 24 部门为成员的防艾委员会，将防艾工作纳入了政府工作考核。重庆市永川区疾病预防控制中心成立了由主任任组长、相关科室人员为成员的艾滋病高危人群干预工作队伍，开展了辖区内暗娼、男男性接触者、吸毒人群的干预、艾滋病感染者及病人的随访管理及关怀工作，落实了国家“四免一关怀”政策。在区级医疗单位设置了艾滋病自愿咨询室，并开展了艾滋病咨询检测工作。根据永川区建设西部职业教育城的特点，积极在职业院校中开展了艾滋病防治知识讲座、宣传和免费检测。

2009 年成立了艾滋病确认实验室，并对辖区区县艾滋病初筛实验室开展了技术指导工作。2010 年开展了农村 MSM 艾滋病、梅毒、丙肝感染率及影响因素研究的课题，率先在全市探索出了农村地区 MSM 人群干预工作的新模式。

前车之鉴

艾滋病防治工作需要各级政府做好部门之间的联动，健全部门协作机制，加大投入和建设，提高对艾滋病感染者和病人的关怀救助水平，形成防治艾滋的综合体系。通过对重点人群如青少年、老年人的干预，进一步明确健康教育和宣传的针对性，让全社会广大市民真正知晓艾滋病的危害，了解艾滋病的防治知识，营造对感染者和病人的良性关爱氛围。同学们，了解艾滋病，关爱艾滋病患者，严防被感染，珍爱生命。

每日一省

第十五节 周亮面临失学窘况

每日一读

艾滋病防治的“四免一关怀”政策：

“一免”是对农村居民和城镇未参加基本医疗保险等医疗保障制度的经济困难人员中的艾滋病病人免费提供抗病毒药物；“二免”是在全国范围内为自愿接受艾滋病咨询检测的人员免费提供咨询和初筛检测；“三免”是为感染艾滋病病毒的孕产妇提供免费母婴阻断药物及婴儿检测试剂；“四免”是对艾滋病病人的孤儿免收上学费用；“一关怀”是将生活困难的艾滋病病人纳入政府救助范围，按照国家有关规定给予必要的生活救济。积极扶持有生产能力的艾滋病病人开展生产活动，增加其收入。加强艾滋病防治知识的宣传，避免对艾滋病感染者和病人的歧视。

案例教学

周亮面临失学窘况

周亮（化名）是一个聪明机灵的孩子，学习成绩一直稳定在班里前三名。今年，他参加了中考，分数足够进一所重点中学，可现实正让他面临着失学的窘况。

周亮的父亲因长年吸毒而失去工作能力，家里仅靠母亲一个人平时做些零散的工作维持生活。后来，父亲因共针吸毒而感染上艾滋病，母亲不久也被传染。

根据相关政策规定，周亮可以申请免费入学，可他母亲却怕儿子和周围的人知道其父母是艾滋病感染者，一直没给周亮办免费入学手续。

前车之鉴

大多数的艾滋病患者都害怕遭到他人的歧视，甚至有很多人对自己的亲属也严加保密，一旦被知道是艾滋病感染者，连亲人也对他们敬而远之。目前，人们的意识都把艾滋病当作一种无法治愈的传染疾病，对于它的传染途径、防治方法却不甚了解，歧视也就不可避免。

请尊重关爱艾滋病感染者及其家属，帮助他们走出阴霾。您的一个眼神、一个微笑，汇集在一起，就是艾滋病感染者面对生活的信心和勇气。让我们点亮心中的红丝带，互相关爱，让明天有爱无“艾”！

每日一省

____

____

____

第十六节　故意传播艾滋病应当规制

每日一读

《艾滋病防治条例》

第三十八条　艾滋病病毒感染者和艾滋病病人应当履行下列义务：（一）接受疾病预防控制机构或者出入境检验检疫机构的流行病学调查和指导；（二）将感染或者发病的事实及时告知与其有性关系者；（三）就医时，将感染或者发病的事实如实告知接诊医生；（四）采取必要的防护措施，防止感染他人。艾滋病病毒感染者和艾滋病病人不得以任何方式故意传播艾滋病。

案例教学

故意传播艾滋病应当规制

2014 年 9 月，在台州温岭一名中年男子因驾驶无牌电动小汽车被查获，为逃避处罚，该男子大喊“我有艾滋病”并连咬两名交警。后经确认，该涉事男子确患有艾滋病，所幸交警们的手臂上只留下一圈牙印，并未造成皮肤破裂，经处理后基本排除感染风险。

无独有偶，2012 年湖南省就发生一起艾滋病人携带毒品，拘捕过程中用注射器扎办案民警的手指，幸好因处理及时民警未受到感染。但这一行为使办案民警造成了身体和精神的极大伤害，而事后司法机关对艾滋病人用注射器扎伤民警的行径并未作刑罚追究。

前车之鉴

故意传播艾滋病的事件不断出现，对社会安定及人们的生命健康造成很大威胁，加之现行刑法对故意传播艾滋病没有明确的罪名，促使我们不得不思考对于该行为的刑法规制问题。

艾滋病的危害性已让全人类认识到其可怕性，我们在做好防御工作的同时，完善立法工作，坚决避免个别艾滋病人利用其“特殊身份”肆无忌惮地进行犯罪行为。完善刑法的规定，在新时期发挥刑事司法打击犯罪、保卫人民生命健康安全的功能。

每日一省

第十七节　要远离艾滋病感染

每日一读

《艾滋病防治条例》

第十条　地方各级人民政府和政府有关部门应当组织开展艾滋病防治及关怀和不歧视艾滋病病毒感染者、艾滋病病人及其家属的宣传教育，提倡健康文明的生活方式，营造良好的艾滋病防治的社会环境。

第十一条　地方各级人民政府和政府有关部门应当在车站、码头、机场、公园等公共场所以及旅客列车和从事旅客运输的船舶等公共交通工具显著位置，设置固定的艾滋病防治广告牌或者张贴艾滋病防治公益广告，组织发放艾滋病防治宣传材料。

案例教学

要远离艾滋病感染

王华 10 年前为摆脱贫穷，只身到外闯荡，并加入了卖血的行当。在一次卖血中，王某染上了艾滋病病毒。可怕的是王某本人并不知道。王某回到他的家乡后娶妻生子。2000 年，一次偶然患上的“感冒”使王某检查出患有艾滋病！尤为可怕的是，王某早已把艾滋病病毒传染给了妻子，他的妻子又通过母婴传染将艾滋病病毒传给了儿子。当这一切全然揭晓和明了的时候，王某已经不治，很快撒手人寰。妻子于 2001 年遭受同样厄运。不久，幼子也离开了人世。两年时间，一家三口死于艾滋病，这不能不说是个惨痛的悲剧。可怜天下父母心，与王某同吃同住的老母亲，在两年的时间里，接二连三地经历了白发人送黑发人的悲剧。

前车之鉴

艾滋病主要通过性接触、血液和母婴三种途径传播。要避免不必要的输血和注射，使用经艾滋病毒抗体检测的血液和血液制品。患有性病后应及时、积极进行治疗，否则已存病灶会增加艾滋病感染的危险。

艾滋病存在较长时间的潜伏期，艾滋病病毒感染者在发病前外表和正常人无异，绝不能从一个人外表是否健康判断其是否感染艾滋病。青年学生应积极接受性健康教育，丰富课余生活，提高自制力。

每日一省

____

____

____

第十八节　洁身自好，远离艾滋

每日一读

《艾滋病防治条例》

第十三条　县级以上人民政府教育主管部门应当指导、督促高等院校、中等职业学校和普通中学将艾滋病防治知识纳入有关课程，开展有关课外教育活动。高等院校、中等职业学校和普通中学应当组织学生学习艾滋病防治知识。

第十五条　县级以上人民政府有关部门和从事劳务中介服务的机构，应当对进城务工人员加强艾滋病防治的宣传教育。

案例教学

洁身自好，远离艾滋

大学生小强（化名）是市区某高校学生，去年，他和一名男子相识，不久之后，两人便住到了一起。据小强回忆，因为对方平时待他比较好，他正好也愿意找一个伙伴，于是两个人就住在了一起。一年后，小强在市疾控中心进行检测，被确诊为艾滋病阳性。“不可能！我从不乱来，只跟他一个人在一起！”起初，小强并不相信自己患病的事实。可等到询问“伴侣”时，他才知道，原来对方一直瞒着他跟多名男子发生性关系。“都是因为他滥交，我才被感染上的！”在市疾控中心，面对医生，小强抱着头蹲在地上哭，濒临崩溃，“我不知道该怎么办！”

专家呼吁，预防艾滋病，一定要从传播途径上杜绝感染可能性。

前车之鉴

艾滋病的扩散，是我们共同的压力，需要我们一起面对。对于弱势人群，他们要经常这样宽慰自己：艾滋无罪！艾滋到目前无法治愈，人类在它的面前有些无奈。如果已经是感染者或者是患者，你也许会感觉很绝望，也许会感觉心理就要崩溃，实际上这些都是人在面对创伤性的压力事件的应激性反应，不同的人依自己的能力和社会资源的支持的程度，感受和处境会有不同。

每日一省

第十九节　知道越多，艾滋越少

每日一读

《艾滋病防治条例》

第十四条　县级以上人民政府人口和计划生育主管部门应当利用计划生育宣传和技术服务网络，组织开展艾滋病防治的宣传教育。计划生育技术服务机构向育龄人群提供计划生育技术服务和生殖健康服务时，应当开展艾滋病防治的宣传教育。

第十八条　地方各级人民政府和政府有关部门应当采取措施，鼓励和支持有关组织和个人对有易感染艾滋病病毒危险行为的人群开展艾滋病防治的咨询、指导和宣传教育。

案例教学

知道越多，艾滋越少

2015 年 11 月 30 日，“牵手红丝带”广州青少年预防艾滋病行动暨“知多·滋少”主题教育展启动活动在广州市青年文化宫举行。活动公布的一组调查数据显示，受访者知道艾滋病病毒存在于血液（占 95%）、精液（占 81.18%）、阴道分泌物（占 71.77%），但仍有 29.87% 青少年认为艾滋病病毒存在于眼泪、唾液中。在艾滋病传播途径方面，六成以上受访者知晓公用注射器吸毒、无保护的性行为、商业性卖血、一夜情、多个性伴侣、母乳喂养是传播艾滋病的高危行为。与此同时，也有 11.79% 的青少年认为与艾滋病人吃饭、握手、拥抱是高危行为，46.55% 青少年认为“共用剃须刀”是低危行为。

前车之鉴

“艾滋病的发病人群有了变化。”江苏省南京市疾控中心艾滋病防治科科长孙琳介绍，近几年，在南京市艾滋病疫情的监测中，新发现患者中不仅男男同性传播多于异性传播，年龄段也开始从以前的青壮年向两端蔓延。“以前是 20 岁到 45 岁的青壮年，现在一个是低龄化，学生、大学生，甚至有极个别的中学生；另外一个方向就是老龄化。”

此外，疾控专家还表示，现在青年学生发生的男男性行为大多源自网络交友，也有的是同学或朋友。

每日一省

第二十节　红丝带关怀的大爱

每日一读

《艾滋病防治条例》

第二十条　机关、团体、企业事业单位、个体经济组织应当组织本单位从业人员学习有关艾滋病防治的法律、法规、政策和知识，支持本单位从业人员参与艾滋病防治的宣传教育活动。

第二十一条　县级以上地方人民政府应当在医疗卫生机构开通艾滋病防治咨询服务电话，向公众提供艾滋病防治咨询服务和指导。

案例教学

红丝带关怀的大爱

2014 年 12 月 1 日是第 27 个“世界艾滋病日”，重庆市教委和重庆市卫计委联合在全市范围内开展了“红丝带杯”大中学生艾滋病防控系列宣传教育活动。

12 月 1 日下午，全市大学生预防艾滋病演讲比赛在重庆科技学院举行。市教委巡视员钟燕参加活动并讲话。钟燕指出，本次宣传活动旨在以演讲这种形式为载体，彰显广大青少年学生防控艾滋病的积极行动和良好风貌；希望广大大学生积极参与预防艾滋病活动，共筑防御艾滋病蔓延的坚固长城，真正成为防艾抗艾知识的传播者，成为遏制艾滋病蔓延的践行者。

同时开展的“你健康 我服务”——重庆市基本公共卫生服务项目暨梦想课堂活动上，市卫生计生委副主任刘克佳参加会议并讲话。市卫计委责任处室有关负责人介绍了我市基本公共卫生服务项目的实施背景、开展情况，以及艾滋病防治工作现状。有关专家讲解了基本公共卫生服务政策和艾滋病防治知识。重庆科技学院的 200 余名大学生参加知识讲座、场外互动等活动环节。

前车之鉴

为了做好艾滋病防治的宣传教育工作，《艾滋病防治条例》设专章规定了艾滋病防治的宣传教育制度，重点规定了针对普通民众、重点人群和有易感染艾滋病病毒危险行为人群的宣传教育内容和措施。一是，强调对公众的普及性宣传教育。二是，加强对学生、育龄人群、进城务工人员、妇女等重点人群有关艾滋病防治的宣传教育。三是，加强对有易感染艾滋病病毒危险行为人群的咨询、指导和宣传教育。

每日一省

第二十一节　学生溺水令人痛心

每日一读

教育部通报指出，中小学生溺水死亡事故，多发生在周末、节假日或放学后；多发生在农村地区；多发生在无人看管的江河、池塘等野外水域；多发生在学生自行结伴游玩的过程中，有的是结伴下水游泳溺亡，有的是为救落水同伴致多人溺亡。

案例教学

学生溺水令人痛心

2016 年 4 月 30 日下午 4 点左右，萧山新塘街道五联村一个水深三四米的池塘里，一名 5 岁小女孩和一名 4 岁小男孩先后落了水，消防应急救援队员接警到达池塘后，采取地毯式的水下搜索。

“池塘水域里的环境很恶劣，给我们的救援带来了不小的麻烦，小女孩先浮了上来，但小男孩直到深夜才被打捞上岸。”一名参与救援的队员告诉记者，两个小生命的意外逝去，令现场所有人都感到心痛：“我们了解到，事发时是 3 个孩子一起在池塘边玩水，小姑娘不慎掉进了池塘，小男孩就去拉她，也跟着掉了下去……等家长们得知消息再赶到池塘边，两个孩子早已没了顶，根本找不到了，水面静得可怕。”

前车之鉴

每一位家长要加强对孩子的监管，认真做好游泳前的准备活动，在自己也不会游泳的情况下，不要对他人盲目施救。教育孩子要掌握一定的救助常识，避免因盲目救助而发生群体死亡事故。

每日一省

第二十二节　相约水塘溺水身亡

每日一读

自救互救能力薄弱。中小学生多数未掌握游泳及水上救生基本技能，受好奇心驱使，模仿成年人在河边玩耍嬉水，一旦有同伴发生险情，慌不择路，盲目施救，造成群溺事件发生。

案例教学

相约水塘溺水身亡

2016 年 4 月 23 日，广东省阳山县青莲镇某村 3 名小孩游泳时出现意外溺水，被紧急送往青莲镇卫生院抢救无效后死亡。

据了解，事发当天正是周末假期，附近村有 7 个孩子相约去水塘边玩水。起初，其中 4 个人下水玩耍，1 名女孩突然被水草困住脚，留在岸上的 3 个小孩中年纪最大的女孩下水救人，但只救上来其中的一个女孩，其他 1 男 2 女共 3 人溺亡。未下水救人的两个小孩这时才想起跑回村里向大人求助。据村民提供的现场打捞视频显示，有多位救援人员持竹竿搭乘小木船在水潭来回搜寻，将近两个小时后才把 3 个小孩都打捞上来。

水塘位于村外的一座山里，虽然地势相对平坦，但位置偏僻，水中还长满水草。村民用竹竿粗略丈量了一下，靠近水塘中间位置的水深超过了 3 米多。

前车之鉴

家长必须要教育孩子不要独自在河边、池塘边玩耍、戏水。若发现有人落水，不要盲目施救，要立即呼救，找大人救援。

每日一省

____

____

____

第二十三节　垫江男孩水库溺水

每日一读

消防救援人员表示，河流水库等地方，水下环境非常复杂，水草、乱石、暗流较多，水温较低，浅水区与深水区温差较大，容易造成溺水事故，建议大家到游泳池内游泳，以便保障自身安全。远离危险，珍爱生命。

案例教学

垫江男孩水库溺水

2016 年 6 月 14 日下午 2 点多钟，周嘉镇东沟水库发生了一起溺水事故，4 名中学生顶着烈日结伴下河游泳，其中 1 人不幸溺水身亡。

事发前 4 名中学生相约来到水库边玩耍，因为天气闷热，几个男生就提议下去洗澡。不一会儿，1 名男生不慎滑入深水区，其他 3 名同伴赶紧跑到附近村子求救，由于没有救援工具，搜救的村民一无所获，无奈之下，大家只好向消防救援人员求援。据了解，溺水男生今年 15 岁，是当地一所中学的初二学生，当天下午返回学校上课，没想到发生了意外。

在这个水库旁边，最显眼处就有一块禁止在水库边玩耍和下水游泳的警示牌。附近群众说，当地镇政府也经常派人在这里巡查，但这却并不能阻止悲剧的发生。据了解，东沟水库平均水深在 6 米左右，由于前几天下了大雨，导致水库水位上涨，最深处已超过 8 米。

前车之鉴

目前溺水事件频发，已经成为头号杀手，希望广大青少年朋友千万不要私自下水游泳，不去非游泳区游泳。要珍爱生命，因为生命只有一次。

每日一省

____

____

____

第二十四节　花季少年不幸溺水

每日一读

“野泳有危险，下水需谨慎。”消防部门同时告诫，看牢自家的孩子，不厌其烦地教育自家的孩子，不私自到野外水域玩耍，不擅自结伴游泳。同时，去正规的游泳池游泳也需有大人陪同，无论水性好坏都要谨防溺水。

案例教学

花季少年不幸溺水

2017 年 7 月 25 日下午 1：42，垫江消防大队接到报警，高峰镇东风村 4 组一名中学生不幸溺水。

消防救援人员接到报警后第一时间赶往现场进行了救援，但因溺水时间较长，救起时已无生命体征。

据了解，两名高中同学午餐后结伴来到家附近的鱼塘中洗澡，但其中一名刘姓学生下水不久后发生意外。其是高峰镇东风村人，县城某中学学生。父母常年在昆明打工，孩子是和外公一起生活。

当天中午，刘姓同学和同龄伙伴到东风村二姨公家吃完午饭后，发现附近有一池塘，随后和同伴一起下塘洗澡。没想到，刚下水之后就再也没起来。

前车之鉴

留守儿童的安全教育已经成为一个重要的课题，呼吁社会、学校、家长一定要重视，安全教育要天天时时向孩子强调，要让孩子有安全意识并学会保护自己。

每日一省

第二十五节　少年再现命丧大河

每日一读

家长对学生的监护不到位。中小学生多为未成年人，自我约束能力差，需要监护人的监护和教育。家长对未成年孩子缺乏此类事故安全防范的教育引导，自己忙于上班劳作，学生放假空闲时间多，很难顾及孩子，对孩子往往采取放任自流的教育态度，致使悲剧发生。

案例教学

少年再现命丧大河

2017 年 7 月 21 日下午 3 时许，垫江县高安镇高安电厂下游 100 米处的河段，3 名中学生下河游泳时，其中一名同学不幸溺水身亡。

据了解，溺水男孩 15 岁。当天下午，几个同学背着家人相约到高安河游泳，谁料发生了意外。男孩母亲闻讯赶来时，孩子已经溺亡。

前车之鉴

消防部门提醒家长们，暑期是各地学生溺水死亡事故的高发期，由于现在在家的都是老年人，体力不足，不能在事故发生时及时施救，溺水孩童易因得不到及时救援而溺亡。不幸发生溺水的自救方法有：①不要慌张，发现周围有人时立即呼救；②放松全身，让身体漂浮在水面上，将头部浮出水面，用脚踢水，防止体力丧失，等待救援；③身体下沉时，可将手掌向下压；④如果在水中突然抽筋，又无法靠岸时，立即求救。如周围无人，可深吸一口气潜入水中，伸直抽筋的那条腿，用手将脚趾向上扳，以解除抽筋。

每日一省

第二十六节　7 人溺水死亡事故

每日一读

当救助者出现时，落水者绝不可惊慌失措去抓抱救助者的手、腿、腰等部位，一定要听从救助者的指挥，让他带着你游上岸。否则不仅自己不能获救，反而连累救助者的性命。

案例教学

7 人溺水死亡事故

2015 年 4 月 6 日上午，记者从广东省政府应急办及广东省汕头市潮阳区政府获悉，5 日下午当地发生一起 7 人溺水死亡事故。

4 月 5 日下午，潮阳区公安机关接群众报警称该区金灶镇新林水库有群众溺水，需要救援。接报后，潮阳区、金灶镇有关部门人员赶到现场组织救援。

记者从潮阳区政府了解到，事故起因系 1 名小孩清明节扫墓后到水库边洗手时失足落水，其父母、兄弟姐妹及其他亲戚等 7 人接连试图自行救援，但因不习水性而相继溺水，最后仅 1 人存活。

广东省应急办信息显示，7 名溺水死亡者中有 2 名中学生和 1 名小学生。事发后，广东省、汕头市有关领导要求组织力量开展救援，严防次生事故，同时对山塘水库危险地段设置警示标志，加强对学生防溺水的宣传教育工作。

前车之鉴

家长的大意，孩子的无知，往往给悲剧埋下种子！

每日一省

第二十七节　花季少女双双溺亡

每日一读

相关单位对河道的监管不到位。部分水域水情复杂，未设立巡查看护救生人员，又无警示标识和安全防护措施，疏于防范管理，一旦发生溺水险情，往往难以施救。

案例教学

花季少女双双溺亡

2016 年 8 月 16 日下午 2 点左右，重庆垫江沙坪镇双塘村两名年仅 12 岁的女孩在河边的小船上戏水玩耍时，不幸双双掉落河中，溺水身亡。

据了解，溺水身亡的两名小女孩一个叫黄莉钧，一个叫陈玫羽，年龄都是 12 岁，两人不仅住在同一个村子，而且还是同年同月同日出生，在同一所小学上学，今年小学刚毕业即将升入初中。

据死者陈玫羽的叔叔介绍，事发当天下午，天气炎热，两人吃完午饭便相约外出玩耍。下午 6 点，家人发现两个孩子迟迟没有回家，到处寻找也不见踪影，直到傍晚，才在附近小河边发现了孩子的衣物。经过全力搜寻，到第二天早上 7 点，才先后从河里打捞起了两个孩子，但都已经没有了生命体征。死者黄莉钧亲属黄明权表示："当时河边停靠了一艘小船，两个孩子可能是到船里玩耍，船上有两个盆还有两个小孩子套的小砖头，并且船的中间很干净，所以我们分析她们在船上玩耍了一会儿，也许是她们上岸的时候同时站起来重心不稳，同时掉进了水里，导致悲剧发生。"

前车之鉴

教育孩子不私自结伴去人工湖、水区工程等危险区域玩耍。

每日一省

第二十八节　孩子玩的可不是水

每日一读

同伴溺水后如何急救

第一，万一同伴发生溺水的情况后，切莫贸然下水救人，应马上呼喊大人搭救。

第二，将溺水者搭救上岸后，立刻撬开牙齿，清除口腔和鼻内的杂物，使呼吸道通畅。

第三，抢救者屈膝，将病人俯卧于大腿上，头朝下，按压腹部迫使呼吸道及胃内的水倒出，如溺水者呼吸和心跳均已停止，应头向上做胸外心脏按摩和人工呼吸，同时急速送医院抢救。

案例教学

孩子玩的可不是水

2006 年 6 月 7 日下午，海南省昌江黎族自治县乌烈镇一小学 22 名学生（12 名男生、10 名女生）一起到乌烈村不远的昌江玩水。男生在下游游泳，女生在上游涉水到河中心沙洲玩耍。当她们手拉手从沙洲下游另一处涉水回来时，由于河水较深，水流较急，10 名女生在过河时被水冲走，两名获救，8 名不幸溺水死亡。

前车之鉴

孩子结伴到郊外游玩，却没有成年人的陪同，往往潜伏着巨大的安全隐患。一旦出事，往往是群伤事故。

每日一省

第二十九节　2019 年溺水案例

每日一读

作为家长，这些话对孩子经常嘱咐：

第一，不要私自下水游泳，不去非游泳区游泳。

第二，不要独自在河边、池塘边玩耍。

第三，不要在无家长或老师带队的情况下游泳，有同伴也不可以。

第四，不会游泳者，不要游到深水区，即使带着救生圈也不安全。

第五，游泳前一定要做适当的准备活动，以防抽筋。

第六，在水中不能互相打闹，不要随意跳水或潜泳。

案例教学

2019 年溺水案例

2 月 18 日，山东德州 4 名儿童在沟渠边玩耍时不慎落水，均已溺亡。此前一天，济南同样发生 4 名男童溺亡事件。

5 月 3 日，湖北荆州 5 名初中生溺水身亡。下午 14 时许，松滋市沙道观镇中学的 5 名初中生至河边玩耍，意外溺水。

7 月 11 日上午，台安县发生一起学生溺水事件，7 名男生结伴下河游泳，共造成 6 人死亡。知情者说，这 6 名学生均为当地小学学生，刚参加完期末考试，便发生了这场悲剧。

7 月 24 日，杭州网红水坝一天发生三起孩子溺水意外。位于富阳湖源乡政府所在地的龙鳞坝，仅 7 月 24 日一天内就有 3 个孩子溺水。有个十多岁的女孩从溺水到被救，等了 20 分钟都没见到孩子的家长。

8 月 3 日下午，临沂第三十二中学 4 名初中学生相约到沂河李庄段游泳，不幸溺亡。经多方联合搜救，3 名学生遗体于 3 日晚被打捞上岸，1 名学生遗体于 4 日被打捞上岸。

8 月 6 日下午 17 时许，甘泉县美水街道办曲里村一处自然水域有 5 人在玩水时发生溺水。5 名溺水者为同一个班级的初三毕业生，均已身亡。

8 月 26 日，浙江金华 6 名年轻人在东阳市六石街道石马水库嬉水时遇险，4 人在救上岸后抢救无效死亡，其中 3 人为职校学生。

前车之鉴

酷热的夏日，对放暑假的孩子们来说，约上三五个小伙伴到河边或池塘游泳、戏水，是再惬意不过的事了。但是，青少年溺水的事件却频频发生。在我国儿童死亡原因中，意外死亡约占 26% 左右，其中，14 岁以下的儿童意外死亡原因中，溺水占 50% 以上，所以，防溺水安全教育万不可忽视。

每日一省

第三十节 2020年溺水案例

每日一读

家长监管是避免儿童接近危险水域和预防溺水的最重要措施，更是家长必须承担起的监护人责任。要切实增强家长的安全意识和监护意识，特别要提醒、督促家长在暑期、节假日、周末和放学后加强对学生的安全教育和监管，坚决避免溺水等安全事故的发生。请教育孩子“四个牢记”：①天气再热，不到荷塘去降温；②水景再美，不到水中去感受；③水性再好，没有保障别下水；④别人再劝，不用生命去逞能！

案例教学

2020年溺水案例

2月24日下午，廉江市车板镇大坝村委会白石塘村发生一起3名小孩因到村附近的卖皂河洗澡溺水意外事故，造成3名小孩死亡。

3月8日下午，湛江雷州市乌石镇平步村，发生一起2名中学生到乌石镇平步水库戏水意外溺水身亡事故。

5月16日下午，河南信阳潢川县来龙乡，5名高中学生在该县小潢河游泳时，不幸全部溺亡。

6月21日下午，重庆市潼南区米心镇童家村涪江河坝水域8名小学生溺水身亡。据调查，周末放假8名孩子自发相约，到童家坝涪江河一宽阔的河滩处玩耍，期间有一名学生不慎失足落水，旁边7名学生前去施救，造成施救学生一并落水。

6月22日下午，浙江温州苍南县玉苍山国家森林公园景区发生溺水事件，3名河南籍男孩在景区内游玩时私自下水游泳嬉戏，最终不幸溺亡。

6月25日下午，海南省澄迈县发生两起学生溺亡事故，分别导致一名14岁初一学生和一名10岁小学4年级学生落水溺亡，事因均为家长带孩子在非安全水域嬉水。

7月7日，4名小学生在高陵渭河河边游玩时落水，其中一人很快爬了起来，另外3名学生被水卷走。

7月12日，沈阳市铁西经济技术开发区双树坨子村附近，5名少年一起下水野浴，2人安全上岸，3人溺水身亡。

7月18日，江苏宿迁六岁男童天天在参加第一次游泳课时，溺水昏迷，最终于7月20日早上6时，经抢救无效死亡。他的家长在查看游泳馆摄像头拍摄的画面后心都碎了：孩子在水中痛苦挣扎了约10分钟，都没人发现。

7月24日，内蒙古自治区阿荣旗6名初中毕业生溺水，4人死亡。

8月1日，河南省镇平县2名未成年人落水，3名成年人施救，最终4人溺亡。

8月17日，湖南娄底田坪镇官帽村3个小孩不幸溺亡。家属表示事发地是裸露的河床，因附近修桥在此地挖砂留下坑地，迟迟未填平。

8月25日，广西梧州市长洲区平浪村江边发生一起小学生溺水事件，3名小学生在位于桂江长洲区平浪村对出水域不幸溺亡。当时，一名家长带着自己的两个孩子和亲戚家的一个孩子到江边玩水发生意外。

8月27日，河北唐山滦南县长凝镇东染各庄村4名14岁左右的男孩在河边戏水时不慎落水，其中2人获救，2人不幸身亡。

前车之鉴

一到暑假，各种溺水的新闻就开始刷屏，看到统计数据，非常吓人。每年有近5万名0到14岁儿童死于意外伤害，其中溺水身亡的儿童高达2万名！家长要教育孩子不要擅自到野外、水库、池塘、水坑等无保护措施的水域嬉戏或游泳，要尽力避免悲剧的发生。

每日一省

第三十一节　安全行驶电动车辆

每日一读

《中民共和国道路交通安全法》

第十八条　依法应当登记的非机动车，经公安机关交通管理部门登记后，方可上道路行驶。

依法应当登记的非机动车的种类，由省、自治区、直辖市人民政府根据当地实际情况规定。

非机动车的外形尺寸、质量、制动器、车铃和夜间反光装置，应当符合非机动车安全技术标准。

第十九条　驾驶机动车，应当依法取得机动车驾驶证。

驾驶人应当按照驾驶证载明的准驾车型驾驶机动车；驾驶机动车时，应当随身携带机动车驾驶证。

案例教学

安全行驶电动车辆

2016 年 3 月 30 日讯，孙女士驾驶电动自行车和货车发生交通事故，不幸身亡。交管部门认定电动车为摩托车，这导致孙女士要和货车司机承担同等责任。孙女士家属认为电动车厂商应承担一定责任，故将其诉至法院，索赔 74 万余元。一审法院判决厂商承担 10% 的责任，29 日下午，案件二审在北京市第三中级人民法院开庭审理。

孙女士驾驶的电动车是从河北一个电动车专卖店购买的，车辆最高限速是 20 公里，并安装有限速装置。出事后，交管部门委托了两家权威机构进行了鉴定，不论涉案车辆的重量还是速度，均超出了电动自行车的范畴，鉴定结果属于机动车。

因此，交通事故责任认定：孙女士驾驶的电动二轮车（无号牌）属于摩托车，未佩戴安全头盔，所持 C1 驾照驾驶摩托车不具有合法的驾驶资格，未右侧通行。据此，孙女士与货车司机对事故负同等责任。

经审理，通州法院认为厂商未就车辆性质对孙女士进行充分的安全提醒义务，一审判决厂商对孙女士家属除交强险外的损失承担 10% 的赔偿责任。

前车之鉴

世界卫生组织提供的数据显示，全世界每年因道路交通事故死亡人数约有 125 万，相当于全球每天有 3500 人因交通事故死亡。数据显示，每年还有几千万人因此而受伤或致残。其中，交通事故是 15—29 岁年轻人的首要死亡原因。

世界卫生组织表示，造成道路交通死伤的一个主要风险是车速过快。行驶速度低于

50 公里/小时的车辆对成年行人撞击死亡的风险小于 20%，但行驶速度达到 80 公里/小时后，车辆撞击行人的死亡风险几乎为 60%。如果将平均车速降低 5%，致命交通事故将减少 30%。现在市场上的电动自行车，其速度远超 15 千米每小时的标准，再加上很多骑行者漠视交通法规，这是电动自行车事故频发的重要原因。

每日一省

第三十二节　校车变形乘员丧命

每日一读

《中民共和国道路交通安全法》

第二十四条　公安机关交通管理部门对机动车驾驶人违反道路交通安全法律、法规的行为，除依法给予行政处罚外，实行累积记分制度。公安机关交通管理部门对累积记分达到规定分值的机动车驾驶人，扣留机动车驾驶证，对其进行道路交通安全法律、法规教育，重新考试；考试合格的，发还其机动车驾驶证。

对遵守道路交通安全法律、法规，在一年内无累积记分的机动车驾驶人，可以延长机动车驾驶证的审验期。具体办法由国务院公安部门规定。

第二十八条　任何单位和个人不得擅自设置、移动、占用、损毁交通信号灯、交通标志、交通标线。

案例教学

校车变形乘员丧命

2011 年 11 月 16 日 9 时 15 分，甘肃省庆阳市正宁县榆林子镇小博士幼儿园驾驶人杨海军驾驶甘 MA4975 号小型普通客车，乘载 64 人（其中 62 人为幼儿园学生，核载 9 人），自西向东行驶至榆林子镇马槽沟村处，与对向行驶的陕 D72231 号重型自卸货车正面碰撞，造成 22 人死亡、44 人受伤。

此次事故后，校车交通安全问题受到了党中央、国务院领导同志的高度重视，受到了社会各界的广泛关注。2012 年 3 月 28 日国务院第 197 次常务会议通过了《校车安全管理条例》（以下简称《条例》），4 月 5 日以国务院第 617 号令公布施行。《条例》确立了我国校车安全管理的基本制度，明确了政府和相关部门在校车安全管理工作中的职责任务、学校和校车服务提供者的责任和义务，为加强校车安全管理、保护中小学生上下学交通安全提供了法律保障。

前车之鉴

一次事故，让22条生命瞬间结束，留下的是家人悲伤的泪水和世人无尽的惋惜。此次事故中，甘MA4975号校车为正宁县榆林子镇小博士幼儿园所有，车厢内除驾驶人和副驾驶座椅外，其余座椅被全部拆除，改为安装了“日”字型座架，以便超员载人，系非法改装。车门上明确喷涂了核载9人的字样，实际却乘载了64人。该园教师每天随车接送学生，对违法超员习以为常，安全意识极其淡漠。

作为学生的我们，应拒乘超载车，拒乘两轮、三轮摩托车等违规载客车辆，珍爱生命，不要让家人担心。

每日一省

____

____

____

第三十三节　道路施工引发事故

每日一读

《中民共和国道路交通安全法》

第三十一条　未经许可，任何单位和个人不得占用道路从事非交通活动。

第三十二条　因工程建设需要占用、挖掘道路，或者跨越、穿越道路架设、增设管线设施，应当事先征得道路主管部门的同意；影响交通安全的，还应当征得公安机关交通管理部门的同意。

施工作业单位应当在经批准的路段和时间内施工作业，并在距离施工作业地点来车方向安全距离处设置明显的安全警示标志，采取防护措施；施工作业完毕，应当迅速清除道路上的障碍物，消除安全隐患，经道路主管部门和公安机关交通管理部门验收合格，符合通行要求后，方可恢复通行。

对未中断交通的施工作业道路，公安机关交通管理部门应当加强交通安全监督检查，维护道路交通秩序。

案例教学

道路施工引发事故

中国法院网讯（杜鹏）杨某骑行电动自行车正常行驶于正在施工的路段，张某驾驶卡车正要通过该路段，由于道路施工过程中的车辆分流措施不当，张某避让不及，将杨某撞死。杨某家属诉至法院，要求张某和道桥集团赔偿损失。北京市通州区人民法院判决张某和道桥集团均有责任，均应对杨某家属进行赔偿。

法院经审理查明，2013 年 8 月 2 日 9 时，在通州区孔兴路 3 公里 300 米处，杨某驾驶电动自行车由北向南行驶时，适有被告张某驾驶轻型普通货车由后驶来，轻型普通货车右前部将杨某连人带车撞出，造成两车损坏，杨某当场死亡。2013 年 11 月 7 日北京市公安局公安交通管理局通州区交通支队作出道路交通事故认定书，确定被告张某没有保障安全速度和足够注意导致事故发生，被告道桥集团在施工过程中没有安排合理的车辆限流、分流、警示义务，导致事故发生。被告张某和道桥集团为同等责任，杨某无责任。经核实杨某家属的合理损失共计 610161 元。

法院审理认为：被告道桥集团坚持认为其施工方案经过交管部门备案，符合操作规范，不应该对事故承担责任，但是其并不能提供相应证据予以证明其已尽到合理警示义务，安排合理的分流限流措施，不能推翻交管部门出具的交通事故认定，故法院判决道桥集团应当承担赔偿责任。

前车之鉴

据《中华人民共和国道路交通安全法》第一百零四条，未经批准，擅自挖掘道路、占用道路施工或者从事其他影响道路交通安全活动的，由道路主管部门责令停止违法行为，并恢复原状，可以依法给予罚款；致使通行的人员、车辆及其他财产遭受损失的，依法承担赔偿责任。

在垫江，场镇、公路边占道情况较为严重，有摆摊的，有乱停车辆的，特别是收割季节，在乡村公路上晒粮食的很多，因实施这些行为酿成了事故，是要依法承担相应责任的。

每日一省

____

____

____

第三十四节 高速下客，命丧当场

每日一读

《中民共和国道路交通安全法》

第三十六条 根据道路条件和通行需要，道路划分为机动车道、非机动车道和人行道的，机动车、非机动车、行人实行分道通行。没有划分机动车道、非机动车道和人行道的，机动车在道路中间通行，非机动车和行人在道路两侧通行。

第三十七条 道路划设专用车道的，在专用车道内，只准许规定的车辆通行，其他车辆不得进入专用车道内行驶。

第三十八条 车辆、行人应当按照交通信号通行；遇有交通警察现场指挥时，应当按照交通警察的指挥通行；在没有交通信号的道路上，应当在确保安全、畅通的原则下通行。

第六十八条 机动车在高速公路上发生故障时，应当依照本法第五十二条的有关规定办理；但是，警告标志应当设置在故障车来车方向一百五十米以外，车上人员应当迅速转移到右侧路肩上或者应急车道内，并且迅速报警。

案例教学

高速下客，命丧当场

2011 年 7 月 4 日 3 时 40 分，湖北省武汉市青山区驾驶人梁伟驾驶武汉市海龙旅游客运有限公司鄂 AE3892 号大型普通客车，乘载 54 人（含 2 名幼儿，核载 55 人），由广东广州驶往湖北天门，当行至湖北省仙桃市境内随岳高速公路 229 公里加 400 米处，骑压慢速车道和紧急停车带分道线违法停车下客，被后方驶来的鄂 F1N210 号重型半挂牵引车追尾撞击，导致两车冲出高速公路护栏翻入边沟并起火燃烧，造成 26 人死亡、29 人受伤。

此次事故中，肇事的鄂 AE3892 号大客车属于旅游客运车辆，未办理旅游包车线路审批手续，私自组织客源由广州发往天门，违法从事长途客运，在高速公路上违法停车下客，且车身左侧占用部分行车道（约 0.5 米），导致事故发生。肇事大客车挂靠的武汉海龙旅游客运有限公司对车辆的技术状况、出车情况、驾驶人状态等重要信息均不掌握，原驾驶人因病请假后，车主雇用临时驾驶人梁伟，从事至广州的非法营运，对此公司根本不知情，完全属于失控状态，运输企业安全监管措施更是无从谈起。

前车之鉴

高速公路是专供汽车分道高速行驶并全部控制出入的公路，具有全封闭、全立交、行驶速度高等特点，其中，车速高是最显著的特点，也是高速公路同其他道路的根本区别。在高速公路上停车，容易让后方车辆来不及避让，极易引发重特大道路交通事故。而客运车辆在高速公路随意上下乘客，也会使高速公路上行人增多，给交通安全带来重大隐患。

每日一省

第三十五节　超员超速，毁人毁己

每日一读

《中民共和国道路交通安全法》

第四十二条　机动车上道路行驶，不得超过限速标志标明的最高时速。在没有限速标志的路段，应当保持安全车速。

夜间行驶或者在容易发生危险的路段行驶，以及遇有沙尘、冰雹、雨、雪、雾、结冰等气象条件时，应当降低行驶速度。

第四十三条　同车道行驶的机动车，后车应当与前车保持足以采取紧急制动措施的安全距离。有下列情形之一的，不得超车：

（一）前车正在左转弯、掉头、超车的；

（二）与对面来车有会车可能的；

（三）前车为执行紧急任务的警车、消防车、救护车、工程救险车的；

（四）行经铁路道口、交叉路口、窄桥、弯道、陡坡、隧道、人行横道、市区交通流量大的路段等没有超车条件的。

案例教学

超员超速，毁人毁己

2011 年 10 月 7 日 15 时 46 分，河北省唐山市驾驶人云伟驾驶唐山市交通运输集团有限公司冀 B99998 号大型普通客车，乘载 55 人（核载 53 人），沿滨保高速公路由保定驶往唐山，当行至天津市武清区境内 60 公里加 700 米处，刮撞同方向袁倩驾驶的鲁 AA356W 号小型轿车后，失控向右侧翻并被路侧波形梁钢护栏切割，造成 35 人死亡、19 人受伤。

根据大客车上 GPS 卫星定位装置记录，事故发生时冀 B99998 号大客车的行驶速度为 115.9 公里/小时，属超速行驶，且云伟在发现小轿车第一次左右调整方向后仍未采取有效减速措施。在两车发生刮擦后，因车辆超员、超速，车辆失控、侧翻，最终导致 35 人死亡。

前车之鉴

客车超员、超速的危害极大，超员会加重车身，使车辆安全性能降低；车内人员拥挤，既存在通风透气问题，也加大了乘客逃生难度；车辆自身的机械性能也会因为超员而增加损耗。而车辆在超速行驶的状态下，车辆惯性加大、制动距离加长，危险性也相应增大。因此，客运车辆超员又超速行驶时极易因轮胎负荷过重、变形过大引发爆胎、突然偏驶、制动失灵、转向失控等，导致交通事故的发生。

遵守交通法规，人人有责。我们应该时时刻刻在意身边的安全隐患，提醒我们身边的居民们安全驾车、遵守交通法规，让每位公民知法、懂法、用法，成为交通法规的受益者。

每日一省

____

____

____

第三十六节　电动车闯红灯全责

每日一读

《中民共和国道路交通安全法》

第五十七条　驾驶非机动车在道路上行驶应当遵守有关交通安全的规定。非机动车应当在非机动车道内行驶；在没有非机动车道的道路上，应当靠车行道的右侧行驶。

第五十八条　残疾人机动轮椅车、电动自行车在非机动车道内行驶时，最高时速不得超过十五公里。

第五十九条　非机动车应当在规定地点停放。未设停放地点的，非机动车停放不得妨碍其他车辆和行人通行。

案例教学

电动车闯红灯全责

最近，晋城市区摩托车、电动车屡屡发生交通事故，但仍有人不接受教训。近日，一辆电动车闯红灯与轿车相撞，交警判定电动车承担事故全部责任。

从监控视频中看到，2015 年 4 月 25 日下午 5 时多，一男子骑一辆电动车沿新市街由东向西行驶，当其快行驶到新市街与兰花路交叉口时，绿灯闪烁并很快变为红灯，但该男子并未停车等候，而是直接横穿过机动车道，强行闯红灯抄近道左转，想驶入新市街，结果在交叉口南面与一辆正由南向北直行的白色轿车迎面相撞。事故造成该男子受轻伤，两辆车不同程度损坏。

市公安交警二大队接警后，经过认真调查，下了责任认定，该男子因未按交通信号通行，负此次事故的全部责任，白色轿车不承担责任。

前车之鉴

在此，交警再次提醒广大摩托车、电动车驾驶人，要严格遵守交通法规，戴好安全头盔，不抢行、不穿行、不逆行、不随意变道，确保安全。时间可以再等，生命却只有一次，切勿心存侥幸。

在繁忙的十字路口，四面都悬挂着红、黄、绿、三色交通信号灯，它是不出声的“交通警察”。红灯是停止信号，绿灯是通行信号。

交通隔离设施主要有行人护栏和隔离墩或绿化隔离带。行人护栏是用来保护行人安全，防止行人横窜马路走入车行道和防止车辆驶入人行道的。希望大家不要跨钻护栏和隔离墩或绿化隔离带，走进车行道，否则会有被车辆撞倒的危险。

每日一省

____

____

____

第三十七节　行人闯红灯担主责

每日一读

《中民共和国道路交通安全法》

第四十四条　机动车通过交叉路口，应当按照交通信号灯、交通标志、交通标线或者交通警察的指挥通过；通过没有交通信号灯、交通标志、交通标线或者交通警察指挥的交叉路口时，应当减速慢行，并让行人和优先通行的车辆先行。

第六十一条　行人应当在人行道内行走，没有人行道的靠路边行走。

第六十二条　行人通过路口或者横过道路，应当走人行横道或者过街设施；通过有交通信号灯的人行横道，应当按照交通信号灯指示通行；通过没有交通信号灯、人行横道的路口，或者在没有过街设施的路段横过道路，应当在确认安全后通过。

第八十九条　行人、乘车人、非机动车驾驶人违反道路交通安全法律、法规关于道路通行规定的，处警告或者五元以上五十元以下罚款；非机动车驾驶人拒绝接受罚款处罚的，可以扣留其非机动车。

第九十条　机动车驾驶人违反道路交通安全法律、法规关于道路通行规定的，处警告或者二十元以上二百元以下罚款。本法另有规定的，依照规定处罚。

案例教学

行人闯红灯担主责

2012年1月6日凌晨，当事人严某民驾驶琼C8ZH99号小轿车从南往北沿龙昆路行驶，当事人梁某步行从西横过龙昆南路西半幅的机动车道进入（人行道上的信号灯是红灯）人行道往东行走。2时40分许，严某民驾驶琼C8ZH99号小轿车的前部位碰撞了人行道上的梁某，梁某倒地受伤。梁某经抢救无效死亡，车辆有损坏。

根据现场勘查、检验鉴定、当事人陈述、视频材料等证实：此交通事故发生的原因是当事人梁某不按照交通信号灯在人行道上行走，另一方面原因是当事人严某民没有按照操作规范安全驾驶、文明驾驶造成的。

综上所述，依据《中华人民共和国道路交通安全法》第七十三条、《中华人民共和国道路交通安全法实施条例》第九十一条和《交通事故处理程序规定》第四十六条第一款第二项的规定，认定梁某承担主要事故责任，当事人严某民承担次要事故责任。

前车之鉴

我们上学读书、放学回家、节假日外出时，走路要走人行道。在没有人行道的地方，应靠道路右边行走。走路时，思想要集中，不要东张西望，不能一边走一边玩耍，不能一边走路一边看书，玩手机，不能三五成群并排行走，不要在马路上乱穿，不能追赶车辆嬉戏打闹。更不要在马路上踢球、溜冰、放风筝、做游戏。有人总是喜欢在汽车前、后急穿马路，这是很危险的。驾驶员眼睛看不到的地方，被称为视线死角。要是有人在车前车后驾驶员眼睛看不到的“视线死角”内急穿马路，就会造成车祸。所以我们横过马路前要注意左右来往车辆，先向左看，后向右看，当看清没有来车时才可横过马路，或在人行横道和过街天桥上行走，这样才比较安全。

每日一省

第三十八节　酒后驾车写入刑法

每日一读

《中民共和国道路交通安全法》

第九十一条　饮酒后驾驶机动车的，处暂扣六个月机动车驾驶证，并处一千元以上二千元以下罚款。因饮酒后驾驶机动车被处罚，再次饮酒后驾驶机动车的，处十日以下拘留，并处一千元以上二千元以下罚款，吊销机动车驾驶证。

醉酒驾驶机动车的，由公安机关交通管理部门约束至酒醒，吊销机动车驾驶证，依法追究刑事责任；五年内不得重新取得机动车驾驶证。

饮酒后驾驶营运机动车的，处十五日拘留，并处五千元罚款，吊销机动车驾驶证，五年内不得重新取得机动车驾驶证。

醉酒驾驶营运机动车的，由公安机关交通管理部门约束至酒醒，吊销机动车驾驶证，依法追究刑事责任；十年内不得重新取得机动车驾驶证，重新取得机动车驾驶证后，不得驾驶营运机动车。

饮酒后或者醉酒驾驶机动车发生重大交通事故，终生不得重新取得机动车驾驶证。

案例教学

酒后驾车写入刑法

据报道，8 月 5 日，黑龙江省鸡西市发生一起恶性酒后驾车事故，一醉驾男子连撞 26 人，造成 2 人死亡，7 人住院治疗，3 人留院观察的恶性后果。8 月 5 日 18 时左右，家住鸡西市鸡冠区的司机张某某酒后驾驶牌照为黑 G9 × × × 的路虎越野车，行驶至鸡冠区跃进街跃进桥桥头时，轧伤一行人右脚，并与伤者及其家属发生争执，导致大量群众围观。在此过程中，张某某向后倒车，又撞到了车后一名围观群众，随后车辆又向前驶出十米左右，撞上围观群众多人，当场导致 1 人死亡，多人受伤。据目击者证实，当时驾驶员满身酒气，路虎越野车再次启动后，撞飞路边的小吃摊，并撞到许多人，造成当时现场群众情绪十分激动，很多群众用棍棒围打司机，警察及时赶到维持秩序，并把肇事司机带回接受调查。

前车之鉴

交通肇事罪，是指违反交通运输管理法规，因而发生重大事故，致人重伤、死亡或者使公私财产遭受重大损失的行为。恶性的交通肇事案件不仅仅是法律范畴的刑事案件，更极易引发周围群情气愤，从而可能构成对社会和谐的破坏，所以必须要引起全社会的高度重视。而这时可能犯罪嫌疑人所犯的罪就由普通的交通肇事罪转化为以危险方法危害公共安全罪（刑法第一百一十四条、第一百一十五条第一款），它是指故意以放火、决水、爆炸、投毒以外的并与之相当的危险方法，足以危害公共安全的行为。以这起案件为例，当群众看到肇事司机为了逃跑，居然驾驶庞大的越野车冲向围观群众的时候，我相信任何一个在场的群众都会气愤无比，由于警察处理及时，才避免了更大规模的群众性事件。这件事再次提醒大家，酒后驾车如此轻而易举地使我们变成违法犯罪分子，并让我们的生命处于如此脆弱与危险的境地。所以必须要严厉打击那些拿生命当儿戏，以酒为伴的司机，从而保证广大人民群众的出行安全和利益。

每日一省

第三十九节　无证驾驶酿成祸端

每日一读

《中民共和国道路交通安全法》

第九十九条　有下列行为之一的，由公安机关交通管理部门处二百元以上二千元以下罚款：

（一）未取得机动车驾驶证、机动车驾驶证被吊销或者机动车驾驶证被暂扣期间驾驶机动车的；

（二）将机动车交由未取得机动车驾驶证或者机动车驾驶证被吊销、暂扣的人驾驶的；

（三）造成交通事故后逃逸，尚不构成犯罪的；

（四）机动车行驶超过规定时速百分之五十的；

（五）强迫机动车驾驶人违反道路交通安全法律、法规和机动车安全驾驶要求驾驶机动车，造成交通事故，尚不构成犯罪的；

（六）违反交通管制的规定强行通行，不听劝阻的；

（七）故意损毁、移动、涂改交通设施，造成危害后果，尚不构成犯罪的；

（八）非法拦截、扣留机动车辆，不听劝阻，造成交通严重阻塞或者较大财产损失的。

行为人有前款第二项、第四项情形之一的，可以并处吊销机动车驾驶证；有第一项、第三项、第五项至第八项情形之一的，可以并处十五日以下拘留。

案例教学

无证驾驶酿成祸端

2013年8月12日16时许，河南省周口市驾驶人张南翔驾驶豫PP6696号重型仓栅式货车，越过道路中心黄实线，与对向正常行驶的豫 SA0905 号大型普通客车左部相撞，并沿撞击方向将大客车推移 18 米，致大客车内 11 人死亡、12 人受伤。经查，货车驾驶人持 C1 驾驶证驾驶重型货车，属于无证驾驶的违法行为。

2012 年 10 月 7 日 11 时 44 分，山东省高密市王瑞先驾驶鲁 GJ031B 号小型轿车沿青银高速公路行驶，从右侧超越同向鲁 A96925 大型普通客车时发生刮擦后逃逸，致鲁 A96925 大客车穿越中央护栏驶入对向车道，与鲁 A18526 号大型普通客车发生碰撞，造成 14 人死亡、44 人受伤。经查，小轿车驾驶人无驾驶证，鲁 A96925 大客车驾驶人持 C1 驾驶证驾驶大型客车。

前车之鉴

无证驾驶是指机动车驾驶人在未考取驾驶证或持有驾驶证与所驾驶车型不对应情况下驾驶机动车的行为。由于驾驶人未接受过相应驾驶培训，且未通过驾驶技能考核，安全驾驶意识、应急驾驶能力、操作熟练程度均不能满足安全驾驶要求，严重危及自身和其他交通参与者的人身、财产安全。近 5 年春运期间，由无证驾驶肇事事故导致的死亡人数占总数的 7.1%。春运期间，群众出行量、道路运输量骤增，驾驶人市场需求明显增多，易出现未考取驾驶证驾驶车辆、持小型汽车驾驶证驾驶大型车辆、实习期驾驶人上高速行驶等情况，公安部交管局提示您，无证驾驶危害大，损人害己事故多，请严格依法遵章驾驶机动车。

每日一省

第四十节　超速发生事故是必然

每日一读

交通违法的处理：

1. 闯红灯，记 6 分，罚 100 元。

2. 酒驾，扣 12 分。根据驾驶车辆和是否出事故等情况做出 5 年内不得再申领驾照、10 年内不得再申领驾照、终身不得申领驾照处罚。

3. 不系安全带，记 2 分，罚 100 元。

4. 副驾驶不系安全带的，处 50 元罚款。

5. 行驶途中拨打手机，记 2 分。

6. 有意遮挡号牌，记 12 分。

7. 超速驾驶，根据超速车辆、行驶道路、超速 50%、超速 20% 等具体情况，分别记 12 分、6 分、3 分。

案例教学

超速发生事故是必然

2017 年 02 月 10 日 15 时许，王某某驾驶赣 CU902X 号重型半挂牵引车牵引赣 CY67X 挂重型普通半挂车（空车）沿 206 国道由北向南方向行驶，18 时 17 分许，当行驶至金溪县工业园区 C 区“江西万里药业”门口时，与从右侧“江西万里药业”路口驶出由李某某驾驶的电动车（后载王某某）发生相撞，造成李某某、王某某当场死亡及电动车损坏的交通事故。

事故成因分析：事发路段为城区道路，沥青路面。事发时间为夜晚，有路灯照明，视线一般。该起事故中，当事人王某某驾驶赣 CU902X 号重型半挂牵引车，在视线不良的情况下，途经至城区路段时，未确保安全车速行驶，是引发事故的直接原因。其行为违反了《中华人民共和国道路交通安全法》第四十三条第一款、第二款：“机动车上道路行驶，不得超过限速标志标明的最高时速，在没有限带标志的路段，应当保持安全车距。夜间行驶或者在容易发生危险的路段行驶……应当降低行驶速度”的规定，是引发事故的直接原因。

前车之鉴

该起事故中，通过现场勘验，赣 CU9023 号重型半挂牵引车事发时在路面留下一道 30 多米的刹车痕迹，但最终还是没能避开从路口驶出的电动车。经江西博中司法鉴定中心提供的车辆行驶速度测算得出，该车辆事发时速度在 72 公里/小时至 82 公里/小时之间，城区道路夜间行车达到这个速度，不出事故是偶然，发生事故才是必然。有的中学生，既无驾驶证，又心中无交通规则，驾驶父母或亲戚的摩托车、电动车，把公共道路当成自家的场院，出了事故才知后悔，但悔之已晚。

每日一省

第四十一节 添加剂超标违规案

每日一读

生产者采购食品原料、食品添加剂、食品相关产品，应当查验供货者的许可证和产品合格证明文件；对无法提供合格证明文件的食品原料，应当依照食品安全标准进行检验；不得采购或者使用不符合食品安全标准的食品原料、食品添加剂、食品相关产品。

食品生产企业应当建立食品原料、食品添加剂、食品相关产品进货查验记录制度，如实记录食品原料、食品添加剂、食品相关产品的名称、规格、数量、供货者名称及联系方式、进货日期等内容。

食品原料、食品添加剂、食品相关产品进货查验记录应当真实，保存期限不得少于二年。

案例教学

添加剂超标违规案

38 岁的段某是安徽亳州人，2015 年 3 月，段某在新城区西五路 29 号租了一间门面，经营“十九味福来包”包子铺，从事包子的制作、销售。3 月 17 日，公安新城分局治安大队通知段某，对店内食品加工原料及食品添加剂进行排查，以防止加工过程中添加硫酸铝钾（钾明矾）和硫酸铝铵（铵明矾），然而，段某并没有当一回事。4 月 16 日，公安机关在对该店进行检查时，在操作间查获含有硫酸铝铵的食品添加剂“香甜泡打粉”6 包、成品包子 103 个，后经鉴定，上述包子中含有国家卫计委等五部门公告限制使用的硫酸铝铵，铝残留量为 226mg/kg，远超≤100mg/kg 的标准。5 月 12 日，公安新城分局以涉嫌生产、销售有毒有害食品罪，对段某予以刑事拘留。6 月 30 日，新城区人民检察院向新城区人民法院提起公诉。

法庭上，段某称自己不懂法律，在包子制作过程中使用添加剂，是为了让包子变白，变得酥软、鲜亮，没想到触犯了国家的法律。其辩护律师称，段某认罪态度好，无前科，认为存在法定从轻处罚的情节。

法院审理认为，段某目无国法，在公安机关已告知情况下，仍违规使用食品添加剂，生产、销售不符合食品安全标准的食品，足以造成严重食物中毒事故或者其他严重食源性疾病，其行为触犯《中华人民共和国刑法》第一百四十三条之规定，犯罪事实清楚，证据确凿，构成生产、销售不符合安全标准的食品罪，判处段某有期徒刑6个月，并处罚金1万元。

前车之鉴

构建从“农田到餐桌”全过程监控体系，实现从“事后控制”到“事前预防”的转变。具体环节包括生产、收获、加工、包装、运输、贮藏和销售等；监管对象包括化肥、农药、饲料、材料、运输工具、食品标签等。通过全程监管，对可能会给食品安全构成潜在危害的风险加以防范，避免重要环节的缺失，并以此为基础实行食品追溯制度。

每日一省

第四十二节　假冒伪劣白酒案

每日一读

未经注册商标所有人许可，在同一种商品上使用与其注册商标相同的商标，具有下列情形之一的，属于刑法第二百一十三条规定的“情节严重”，应当以假冒注册商标罪判处三年以下有期徒刑或者拘役，并处或者单处罚金：

（一）非法经营数额在五万元以上或者违法所得数额在三万元以上的；

（二）假冒两种以上注册商标，非法经营数额在三万元以上或者违法所得数额在二万元以上的；

（三）其他情节严重的情形。

具有下列情形之一的，属于刑法第二百一十三条规定的“情节特别严重”，应当以假冒注册商标罪判处三年以上七年以下有期徒刑，并处罚金：

（一）非法经营数额在二十五万元以上或者违法所得数额在十五万元以上的；

（二）假冒两种以上注册商标，非法经营数额在十五万元以上或者违法所得数额在十万元以上的；

（三）其他情节特别严重的情形。

案例教学

假冒伪劣白酒案

2015年初，邢台市食品药品监管局接到公安机关通报，称邢台市豫西市场冉荣阳涉嫌购进假冒名牌白酒在市场上销售。经鉴定，冉荣阳从河南濮阳祥和商贸有限公司等地购进的大量所谓名牌白酒均为假冒产品。邢台市食品安全办立即调集邢台市食品药品监管局执法骨干与公安干警组成联合专案组展开侦破工作，并商请河南、山东、四川等地食品药品监管部门进行案件协查。经过近 8 个月的缜密侦查，邢台市食品药品监管局与邢台市公安局联合对制售假酒犯罪链条各环节人员进行了抓捕。专案组在邢台将犯罪嫌疑人冉荣阳抓获，在其经营的门市、库房查获假冒名牌白酒共 2500 余件；在山东冠县，一举端掉郑金良的制假窝点，查获假冒各种名牌酒 6000 余件，查封了一条用于灌装假酒的生产线以及大量制假设备；在河南濮阳对祥和商贸有限公司进行全面摸排，查获公司负责人崔保红委托包材公司定制的大量相关品牌的酒盒、酒箱等包材；在成都市，查清邓聪批发假冒名酒违法事实，并实施抓捕。该案共抓获犯罪嫌疑人 11 名，捣毁窝点 7 处，查获假冒白酒制品共计 7.2 万余件（约 45 万瓶）；查处包材公司 2 家，查获假酒包装盒 30 万个、外包装箱 4 万余个，涉案金额 3000 余万元。

冉荣阳等 11 名犯罪嫌疑人违反刑法第二百一十三条规定，涉嫌构成假冒注册商标罪，已被邢台市公安机关刑事拘留。

前车之鉴

提高公众参与食品安全事务的能力与拓宽公众参与食品安全工作的渠道。一方面，可以加强对公众的食品安全宣传教育，对公众进行食品安全方面专业化知识的普及和培训，提高他们的参与能力。另一方面，政府积极通报相关信息，鼓励消费者参与食品安全治理。

每日一省

第四十三节 加工销售有毒食品

每日一读

《最高人民检察院公安部关于公安机关管辖的刑事案件立案追诉标准的规定（一）》公通字〔2008〕36号第二十条，生产、销售有毒、有害食品案（刑法第一百四十四条）

在生产、销售的食品中掺入有毒、有害的非食品原料的，或者销售明知掺有有毒、有害的非食品原料的食品的，应予立案追诉。

使用盐酸克伦特罗（俗称“瘦肉精”）等禁止在饲料和动物饮用水中使用的药品或者含有该类药品的饲料养殖供人食用的动物，或者销售明知是使用该类药品或者含有该类药品的饲料养殖的供人食用的动物的，应予立案追诉。

明知是使用盐酸克伦特罗等禁止在饲料和动物饮用水中使用的药品或者含有该类药品的饲料养殖的供人食用的动物，而提供屠宰等加工服务，或者销售其制品的，应予立案追诉。

案例教学

加工销售有毒食品

2015年7月，浙江省温州市瓯海区食品药品监管部门接到群众举报，称对赖中超、蒋成全经营的卤味烤肉店销售的卤肉上瘾，怀疑添加违禁物质。瓯海区食品药品监管部门联合公安机关对该店进行了突击检查，现场查获混有罂粟粉的调味料20克、罂粟壳350克。经查，赖中超为拉拢回头客，自2014年8月，在加工卤肉时采用将完整罂粟壳放在汤料包里置于卤汤中，或将罂粟壳碾磨成粉末，混入其他香料，直接撒在卤肉上等方式，进行非法添加。根据赖中超供述，执法人员查处了向其销售罂粟壳的仟家味调味品店，以及该店的上线位于福建省福州市的淑芳香料商行，共查获罂粟壳19千克。卤味烤肉店经营者赖中超、蒋成全被瓯海区食品药品监管部门列入2015年第二期瓯海区食品安全黑名单，向社会公示。

依据刑法第一百四十四条和《最高人民法院最高人民检察院关于办理危害食品安全刑事案件适用法律若干问题的解释》第九条第一款的规定，上述人员的行为涉嫌构成生产、销售有毒、有害食品罪，根据《行政处罚法》第二十二条的规定，瓯海区食品药品监管部门将案件移送公安机关。仟家味调味品店和淑芳香料商行的经营者黄剑文、傅莉莉、葛淑芳3人已被人民检察院以贩毒罪提起公诉。

前车之鉴

只有市场无形之手有效介入引发食品安全的问题企业，才能形成企业自觉维护食品安全的良好状态。从这个意义上说，随着市场秩序的不断完善，一方面，通过市场机制中的惩罚机制达到使不法企业“永不录用”的根本目的，让所有危害食品安全的不良不法企业永久性退出食品领域。另一方面，通过市场机制中的激励机制，使诚信经营所获取的收益远远大于失信所可能带来的一时一地之蝇头小利。

每日一省

第四十四节 学生吃变质米中毒

每日一读

《中华人民共和国食品安全法》

第一百二十三条　违反本法规定，有下列情形之一，尚不构成犯罪的，由县级以上人民政府食品药品监督管理部门没收违法所得和违法生产经营的食品，并可以没收用于违法生产经营的工具、设备、原料等物品；违法生产经营的食品货值金额不足一万元的，并处十万元以上十五万元以下罚款；货值金额一万元以上的，并处货值金额十五倍以上三十倍以下罚款；情节严重的，吊销许可证，并可以由公安机关对其直接负责的主管人员和其他直接责任人员处五日以上十五日以下拘留：

（一）用非食品原料生产食品、在食品中添加食品添加剂以外的化学物质和其他可能危害人体健康的物质，或者用回收食品作为原料生产食品，或者经营上述食品；

（二）生产经营营养成分不符合食品安全标准的专供婴幼儿和其他特定人群的主辅食品；

（三）经营病死、毒死或者死因不明的禽、畜、兽、水产动物肉类，或者生产经营其制品；

（四）经营未按规定进行检疫或者检疫不合格的肉类，或者生产经营未经检验或者检验不合格的肉类制品；

（五）生产经营国家为防病等特殊需要明令禁止生产经营的食品；

（六）生产经营添加药品的食品。

明知从事前款规定的违法行为，仍为其提供生产经营场所或者其他条件的，由县级以上人民政府食品药品监督管理部门责令停止违法行为，没收违法所得，并处十万元以上二十万元以下罚款；使消费者的合法权益受到损害的，应当与食品生产经营者承担连带责任。

违法使用剧毒、高毒农药的，除依照有关法律、法规规定给予处罚外，可以由公安机关依照第一款规定给予拘留。

案例教学

学生吃变质米中毒

2001 年 10 月 10 日，云南省普洱市思茅区某镇村小学发生一起因食用变质米干，导致 53 人发生中毒的事件。经调查，学校食堂所供应的米干是 10 月 9 日下午 2：00 左右从米干厂购买，然后放置于班车行李架上托运，班车几经停留，直至 9 日晚上才送到学校食堂，食堂工作人员收到米干后，在室内常温下放置，到 10 月 10 日供应早点时，距米干出厂已经 17 个小时，炊事员在抓米干时发现有粘黏、馊味，已明显变质，但未引起注意，只将米干在开水里烫了一下就加入肉汤、佐料供学生食用，最终导致了食物中毒事故。

前车之鉴

此起中毒事件，只要炊事人员将已经变质的米干倒掉，不要加工供学生食用，就可以避免发生食物中毒，然而炊事人员为了节约几斤米干，心怀侥幸心理、不讲职业道德、不顾学生安全，仍然加工销售变质后的米干。后在剩余的米干中检出蜡样芽孢杆菌，证实这是一起蜡样芽孢杆菌引起的食物中毒事件。卫生局对该村小食堂处以罚款人民币 5000 元。特别提醒，有的食堂把出芽的土豆、坏掉的蔬菜、过期的食品等投入到学生饮食中，都会引发一系列的食物中毒，所以学校要加大力度对食堂定期进行检查。

每日一省

____

____

____

第四十五节　生产销售伪劣产品

每日一读

《中华人民共和国刑法》

第一百四十条　生产者、销售者在产品中掺杂、掺假，以假充真，以次充好或者以不合格产品冒充合格产品，销售金额五万元以上不满二十万元的，处二年以下有期徒刑或者拘役，并处或者单处销售金额百分之五十以上二倍以下罚金；销售金额二十万元以上不满五十万元的，处二年以上七年以下有期徒刑，并处销售金额百分之五十以上二倍以下罚金；销售金额五十万元以上不满二百万元的，处七年以上有期徒刑，并处销售金额百分之五十以上二倍以下罚金；销售金额二百万元以上的，处十五年有期徒刑或者无期徒刑，并处销售金额百分之五十以上二倍以下罚金或者没收财产。

第一百四十九条　生产、销售本节第一百四十一条至第一百四十八条所列产品，不构成各该条规定的犯罪，但是销售金额在五万元以上的，依照本节第一百四十条的规定定罪处罚。

生产、销售本节第一百四十一条至第一百四十八条所列产品，构成各该条规定的犯罪，同时又构成本节第一百四十条规定之罪的，依照处罚较重的规定定罪处罚。

第一百五十条　单位犯本节第一百四十条至第一百四十八条规定之罪的，对单位判处罚金，并对其直接负责的主管人员和其他直接责任人员，依照各该条的规定处罚。

案例教学

生产销售伪劣产品

2015 年 9 月 1 日，根据群众举报，海南省食品药品监管局在海口市南北水果批发市场查获疑似问题青枣 3.3 吨，经检测含有糖精钠（网友称之为“糖精枣”），含量为 0.3g/kg。海南省食品药品监管局执法人员联合公安机关成立专案组，经过缜密调查，会同广东食品药品监管部门在广东省雷州市英利镇一举捣毁加工“糖精枣”的“黑窝点”，当场查获大量腐烂青枣及加工工具和设备。经查，2015 年 8 月 20 日以来，涉案人邓翔从外地运来青枣，先在烧热的水中过一遍，然后将焯过水的青枣倒入水池里，加入糖精钠、甜蜜素、苯甲酸钠等添加剂进行浸泡，制成“糖精枣”，然后运往南宁、北海、海口等地销售，总数达 30 余吨。

按照国家标准，糖精钠、甜蜜素、苯甲酸钠等添加剂严禁在青枣使用。依据《中华人民共和国刑法》第一百四十条的规定，邓翔等生产销售“糖精枣”的行为涉嫌构成生产、销售伪劣产品罪。该案已移送当地公安机关立案侦查。

前车之鉴

民以食为天，食品安全问题一直以来都是老百姓最关心的问题，也是人人都应该关心的问题。所以大众应该自发组织成立食品安全公益组织，真正地切实地从自己出发，从自身做起，去影响身边的人。

每日一省

______

______

______

第四十六节　生产销售有毒食品

每日一读

《最高人民法院、最高人民检察院关于办理危害食品安全刑事案件适用法律若干问题的解释》第九条　在食品加工、销售、运输、贮存等过程中，掺入了有毒、有害的非食品原料，或者使用有毒、有害的非食品原料加工食品的，依照刑法第一百四十四条的规定以生产、销售有毒、有害食品罪定罪处罚。

在食用农产品种植、养殖、销售、运输、贮存等过程中，使用禁用农药、兽药等禁用物质或者其他有毒、有害物质的，适用前款的规定定罪处罚。

在保健食品或者其他食品中非法添加国家禁用药物等有毒、有害物质的，适用第一款的规定定罪处罚。

案例教学

生产销售有毒食品

2015 年 6 月，根据公安机关掌握的线索，惠州市惠阳区食品药品监管局联合公安机关对惠阳区孙长付经营的老铁烤鱼店进行突击检查，执法人员对餐后汤底和该店使用的调味料“草果粉”抽样检验。结果显示，在调味料“草果粉”中检出罂粟碱。2015 年 7 月 7 日，惠阳区食品药品监管局将此案移送公安机关。经查，老铁烤鱼店老板孙长付为吸引消费者来店就餐，在调味料“草果粉”中违法添加罂粟壳。惠阳区检察机关对老铁烤鱼店老板孙长付和厨师孙双利以涉嫌构成生产、销售有毒、有害食品罪批准逮捕并提起公诉。2015 年 12 月 16 日，经惠阳区法院判决，被告人孙长付犯生产、销售有毒、有害食品罪，判处有期徒刑 1 年，并处罚金 2 万元；被告人孙双利犯生产、销售有毒、有害食品罪，判处有期徒刑 7 个月，并处罚金 5000 元。

前车之鉴

在各地，食品的生产、加工、销售受制于薄弱的产业基础依然散乱，小作坊、小摊贩、小餐饮难以计数，而在基层特别是广大农村和城乡接合部，监管能力显得捉襟见肘：人手不够，资金短缺，监管乏力。再加上 GDP 至上的惯性思维，一些地方为了带动税收、拉动就业，纵容食品生产企业违规经营，实行地方保护主义，助长了企业逃避监管的侥幸心理，使一些小隐患积累成大问题。相关部门应加强监管！

每日一省

第四十七节　制假售假被判有期徒刑

每日一读

《最高人民法院、最高人民检察院、公安部关于办理侵犯知识产权刑事案件适用法律若干问题的意见》

第九条　关于销售他人非法制造的注册商标标识犯罪案件中尚未销售或者部分销售情形的定罪问题

销售他人伪造、擅自制造的注册商标标识，具有下列情形之一的，依照刑法第二百一十五条的规定，以销售非法制造的注册商标标识罪（未遂）定罪处罚：

（一）尚未销售他人伪造、擅自制造的注册商标标识数量在六万件以上的；

（二）尚未销售他人伪造、擅自制造的两种以上注册商标标识数量在三万件以上的；

（三）部分销售他人伪造、擅自制造的注册商标标识，已销售标识数量不满二万件，但与尚未销售标识数量合计在六万件以上的；

（四）部分销售他人伪造、擅自制造的两种以上注册商标标识，已销售标识数量不满一万件，但与尚未销售标识数量合计在三万件以上的。

案例教学

制假售假被判有期徒刑

2015 年 10 月，重庆市公安局打假总队组织沙坪坝区公安分局对郑某、王某等人生产销售伪劣味精、鸡精案开展查缉行动，当场抓获涉案犯罪嫌疑人 2 名，捣毁生产窝点 2 个，扣押伪劣调味品 20000 余包、生产设备 6 套、原料 20 余吨。

经调查，自 2013 年 1 月以来，犯罪嫌疑人郑某、王某等人为牟取暴利，在未取得任何资质及授权的情况下，分别在沙坪坝、南川租赁民房作为生产窝点，从广东购进假冒“国泰”“豪吉”“莎麦”三种知名品牌的包装材料，又从贵州等地购进伪劣调味品。

民警现场勘察发现，该生产窝点污水横流、蝇蚊乱舞，卫生条件极其恶劣，生产全程手工操作，未采取任何消毒及保洁措施。生产中犯罪嫌疑人为了节省成本，在用不同包装材料进行分装前，竟按一定比例在劣质调味品中掺杂散装食盐，然后以低于正品一半的价格对外销售。

犯罪嫌疑人郑某、王某等人为追求利润最大化，还通过互联网发展生产伪劣调味品的下线，并向这些下线大量销售伪劣调味品的包材来赚取差价。所发展的这些下线利用这些假冒的调味品包材，使用同样的方法肆意生产销售伪劣调味品，形成“两级制假售假”的经销模式。由于价格便宜，售假网络涉及重庆、四川、广东、贵州等 7 个城市。

目前，犯罪嫌疑人郑某、王某因犯销售非法制造注册商标标识罪被判处三年有期徒刑，缓期五年执行，分别并处罚金 2 万元。

前车之鉴

道德滑坡、诚信缺失助推了中国当前的食品安全问题。诚信的严重缺失和道德的严重滑坡才是食品问题的本源。重建基本信用，特别是生产商的道德准则，不断完善法律法规，让道德败坏者受到法律的严惩和社会的唾弃，食品安全才有望得到切实保障。

每日一省

第四十八节　白酒掺杂头痛粉案

每日一读

《中华人民共和国食品安全法》第三章　食品安全标准

第二十六条　食品安全标准应当包括下列内容：

（一）食品、食品添加剂、食品相关产品中的致病性微生物，农药残留、兽药残留、生物毒素、重金属等污染物质以及其他危害人体健康物质的限量规定；

（二）食品添加剂的品种、使用范围、用量；食品添加剂的品种、使用范围、用量，不在限量范围内的都属于非法添加。

根据有关法律法规，任何单位和个人禁止在食品中使用食品添加剂以外的任何化学物质和其他可能危害人体健康的物质，禁止在农产品种植、养殖、加工、收购、运输中使用违禁药物或其他可能危害人体健康的物质。这类非法添加行为性质恶劣，对群众身体健康危害大，涉嫌生产销售有毒有害食品等犯罪，依照法律要受到刑事追究，造成严重后果的，直至判处死刑。

案例教学

白酒掺杂头痛粉案

2016 年，重庆市公安局打假总队组织潼南区公安局依据《食品安全法》相关规定，对在食品中非法添加药品的陈某某实施行政拘留处罚。这是新《食品安全法》自 2015 年 10 月 1 日实施以来，重庆市公安机关办理的首例行政拘留案件。

2016 年 1 月 6 日，潼南区食药监分局、潼南区公安局开展联合执法，对辖区内的食品药品进行抽样检查。在“常春白酒经营部”25 个批次的白酒抽样中，有 10 个批次检测出“对乙酰氨基酚”成分，并在现场查获掺杂头痛粉的白酒 3000 余斤、未开封的头痛粉 5000 余包。

白酒好不好，一品醇香，二看喝了之后会不会“打脑壳”。为了减轻顾客饮酒后的头痛症状，不良商家在白酒中添加了“头痛粉”。

经查，自2014年5月以来，“常春白酒经营部”负责人陈某某为减轻顾客饮酒后的头痛症状，违规在白酒中添加了头痛粉（含对乙酰氨基酚成分）。

随后潼南区食药监分局吊销了该经营部《食品流通许可证》，并根据新《食品安全法》的规定，将案件移交潼南区公安局。经潼南区公安局深入调查，查明陈某某在食品中非法添加药品的违法行为。依据《食品安全法》第一百二十三条第一款第六项规定，公安机关对陈某某作出行政拘留7日的处罚决定。

前车之鉴

顾客的“脑壳”不痛了，自己的“脑壳”却开始痛了，不良商家最终害人害己。勿以恶小而为之，勿以善小而不为，任何时候都需谨记！

每日一省

____

____

____

第四十九节　网络食品安全隐患

每日一读

新《食品安全法》于2015年10月1日起生效，此次修订增加了对网络食品经营的要求。随着时代的发展，网络越来越受人喜爱和依赖，网上能购买到的商品琳琅满目，但是质量也参差不齐。新法专门针对网络售卖食品做了规定，制定了网络食品经营者和交易第三方平台的责任。

1. 网络食品经营者要实名登记

网络食品交易第三方平台提供者应当对入网食品经营者进行实名登记，明确其食品安全管理责任；依法应当取得许可证的，还应当审查其许可证。

2. 网络食品交易第三方平台的责任

网络食品交易第三方平台提供者发现入网食品经营者有违反本法规定行为的，应当及时制止并立即报告所在地县级人民政府食品药品监督管理部门；发现严重违法行为的，应当立即停止提供网络交易平台服务。

3. 消费者受到侵害怎么办？

可以向入网食品经营者或者食品生产者要求赔偿。网络食品交易第三方平台提供者不能提供入网食品经营者的真实名称、地址和有效联系方式的，由网络食品交易第三方平台提供者赔偿。

网络食品交易第三方平台提供者赔偿后，有权向入网食品经营者或者食品生产者追偿。网络食品交易第三方平台提供者作出更有利于消费者承诺的，应当履行其承诺。

4. 对交易第三方平台的处罚

网络食品交易第三方平台提供者未对入网食品经营者进行实名登记、审查许可证，或者未履行报告、停止提供网络交易平台服务等义务的，由县级以上人民政府食品药品监督管理部门责令改正，没收违法所得，并处五万元以上二十万元以下罚款；造成严重后果的，责令停业，直至由原发证部门吊销许可证；使消费者的合法权益受到损害的，应当与食品经营者承担连带责任。

案例教学

网络食品安全隐患

2016 年 3 月，央视 3 · 15 晚会曝光黑心作坊入驻“饿了么”，食品卫生状况堪忧。近年来，随着网购的兴起，一方面给人们带来无穷的便利，另一方面人们对产品质量和安全也越来越担忧。

央视报道称，目前很多网络订餐外卖平台给人们提供了方便，但不少外卖平台的安全问题却让人堪忧。节目中指出，“饿了么”网站显示的多家平台实体店铺与订餐平台上的照片不相符。据调查，订餐平台上的菜品、店面光鲜亮丽，但实体店面却混乱狭小，餐厅的厨师甚至直接用牙咬开加工食材。此外，还有一大批“饿了么”上线商家，并没有经营执照、卫生许可证。

前车之鉴

网络食品给人们提供便利的同时也存在不少安全隐患，一方面要求商家诚信经营，另一方面渴望有关部门加强监管，让老百姓吃上放心食品。

每日一省

第五十节 食用未熟扁豆中毒

每日一读

《物资采购及索证制度》：（经销店和食堂采购员）必须到持有卫生许可证的经营单位采购食品；购物须供方提供食品的书面证明材料；不采购霉变、生虫、不洁、有异物、感官异常、有毒有害食品以及未经检验的肉类制品。

《厨房卫生管理制度》：（后勤管理和食堂工作人员）厨房添置“四防一消”设施；食品原料存放间、食品加工间、出售场所要独立；严禁非食堂工作人员进入学校食堂，防止投毒事件的发生，确保学生用餐的卫生与安全；厨房一天打扫三次以上，确保地面无积水和垃圾。

《餐具消毒制度》：（后勤管理和食堂工作人员）餐饮具使用前必须洗净、消毒，未经消毒的餐饮具不使用；消毒后的餐饮具必须贮存专用保洁柜内；洗涤、消毒剂必须符合卫生标准；用于原料和成品的刀、墩、板、桶、盆、筐、抹布以及其他容器必须标志明显，做到分开。

案例教学

食用未熟扁豆中毒

2011 年 9 月 28 日，某市区实验学校食堂发生食物中毒事件，受害学生达到百人以上，校方和政府有关部门立即组织抢救，现已痊愈。经食药、卫生等部门调查，学生食用了学校配餐采购的食品，其中含有没做熟的扁豆，中毒是由其产生的毒素所致。

专家提醒：扁豆中含有植物血球凝集素、皂素等毒素，在持续加热到扁豆完全熟透时，即被破坏，失去毒性作用。如果加热不彻底，出现扁豆原有的生绿色没有完全改变，吃后口感生硬、豆腥味浓等现象时，扁豆中含有的毒素就没有被破坏，极易引起中毒。通常吃扁豆馅饺子、凉拌脆扁豆和急火炒扁豆等，都易引起扁豆中毒。扁豆中毒一般多在食后 1—5 小时发病，主要症状是恶心、呕吐、腹泻等，还可以出现头晕、头痛、出冷汗、全身无力等症状。提醒食用者，一定加以注意，烹调扁豆时一定要煮熟煮透。

前车之鉴

各级各类学校要强化对餐饮服务人员专业知识培训，掌握食品安全防范知识，避免学校食堂生产过程中产生有毒食品伤害学生。同时加强对配餐企业的监管，避免配餐的随意性，严格配餐批次的监管，防止可能伤害学生食品流入学校。

每日一省

第五十一节　范刚夫妇强迫劳动案

每日一读

《中华人民共和国未成年人保护法》

第六十一条　任何组织或者个人不得招用未满十六周岁未成年人，国家另有规定的除外。

营业性娱乐场所、酒吧、互联网上网服务营业场所等不适宜未成年人活动的场所不得招用已满十六周岁的未成年人。

招用已满十六周岁未成年人的单位和个人应当执行国家在工种、劳动时间、劳动强度和保护措施等方面的规定，不得安排其从事过重、有毒、有害等危害未成年人身心健康的劳动或者危险作业。

任何组织或者个人不得组织未成年人进行危害其身心健康的表演等活动。经未成年人的父母或者其他监护人同意，未成年人参与演出、节目制作等活动，活动组织方应当根据国家有关规定，保障未成年人合法权益。

案例教学

范刚夫妇强迫劳动案

被告人范刚、李苑玮是夫妻关系，租用广州市越秀区王圣堂大街十一巷 16 号 201 房做手表加工及住宿场所。2013 年 4 月至 10 月间，被告人范刚与李苑玮以招工为名，先后从中介处招来钟成（案发时 16 岁）、苏添园（案发时 13 岁）、周燊（案发时 15 岁）三名被害人，使用锁门禁止外出的方法强迫三名被害人在该处从事手表组装工作。其间，被告人范刚对被害人钟成、周燊有殴打行为，被告人李苑玮对三名被害人有语言威胁的行为，被告人罗春龙于 2013 年 5 月入职后协助被告人范刚看管三名被害人。2013 年 10 月 20 日，经被害人报警，公安人员到场解救了三名被害人，并将被告人范刚、李苑玮、罗春龙抓获归案。经法医鉴定，被害人钟成和周燊的头部、颈部、臂部受伤，损伤程度属轻微伤。

广东省广州市越秀区人民法院经审理认为，被告人范刚、李苑玮、罗春龙以暴力、胁迫和限制人身自由的方法强迫未成年人劳动，其行为均侵犯了他人的人身权利，共同构成强迫劳动罪，情节严重。被告人范刚在共同犯罪中起主要作用，应认定为主犯；被告人李苑玮、罗春龙在共同犯罪中起次要或辅助作用，应认定为从犯，依法应当从轻处罚。被告人范刚、李苑玮自愿认罪，能如实供述自己的罪行，依法可以从轻处罚。依照刑法有关规定，认定被告人范刚犯强迫劳动罪，判处有期徒刑三年，并处罚金 10000 元；被告人李苑玮犯强迫劳动罪，判处有期徒刑十个月，并处罚金 5000 元；被告人罗春龙犯强迫劳动罪，判处有期徒刑七个月，并处罚金 1000 元。宣判后，没有上诉、抗诉。判决已发生法律效力。

前车之鉴

本案的三名未成年被害人是因外出贪玩或外出打工而遇险，本案警示家长们一定要特别注意未成年子女在外的人身安全，最好不要让未成年子女独自外出打工。未满十六周岁的孩子不能辍学务工，任何组织和个人也不能雇佣他们，否则要承担相应的责任。

每日一省

第五十二节　遗弃婴幼儿是犯罪

每日一读

《中华人民共和国未成年人保护法》

第十七条　未成年人的父母或者其他监护人不得实施下列行为：

（一）虐待、遗弃、非法送养未成年人或者对未成年人实施家庭暴力；

案例教学

遗弃婴幼儿是犯罪

2015 年 4 月 16 日，女子王某在某医院生育一男婴，是早产儿。当日医院新生儿记录表中特殊情况栏显示：早产儿出生后家属放弃抢救、放弃治疗，自行带回。当天晚上，王某母亲李某与王某男友巢某及其父母商量，认为男婴可能存在智力问题，提出将男婴送往儿童福利院。李某遂趁无人之机将男婴放苹果箱内送至常州市儿童福利院（以下简称“儿福院”）门口。后民警接路人报警赶至现场，按照规定将弃婴送至儿福院处。

2015 年 4 月 25 日，儿福院在报刊上刊登了寻找弃婴生父母的公告，后经登报确认其为弃婴后依照规定程序送养他人，并经常州市民政局依法审批，办理了收养手续。2015 年 4 月 30 日，王某与巢某登记结婚，后因感情不和于同年 11 月 20 日登记离婚。2016 年 1 月，王某起诉至法院，要求判决儿福院将男婴归还给自己抚养。

法院判决：天宁区人民法院认为，王某父母等人以男婴智力可能存在问题为由经协商将该名男婴遗弃并送至被告门口，从王某在长达半年多的时间里未寻找、未报警等情形可以看出，其对家人将男婴送走是明知并且默认的。儿福院接收婴儿及送养婴儿均严格履行了法定程序，并无不当，依法驳回王某的诉讼请求。

法官点评：父母对子女有抚养教育的义务。国家保护合法的收养关系，养子女和生父母间的权利和义务，因收养关系的成立而消除。本案中，王某作为孩子的亲生母亲，因各种原因将孩子抛弃，未能履行其法定义务；孩子被合法收养后已经形成了相对稳定的生活、学习环境，贸然改变其成长环境更是不利于未成年人的成长。人民法院依法驳回原告的诉讼请求，符合未成年人利益最大化的原则，同时也维护了收养人以及被收养人的合法权益。

前车之鉴

我们是未成年人时父母有抚养我们的义务，不得歧视虐待我们。当我们成人之后我们有抚养教育子女的义务。任何人不履行义务都要受到法律的相应制裁。

每日一省

第五十三节　违规攀爬，害人害己

每日一读

《中华人民共和国未成年人保护法》

第三十五条　学校、幼儿园应当建立安全管理制度，对未成年人进行安全教育，完善安保设施、配备安保人员，保障未成年人在校、在园期间的人身和财产安全。

学校、幼儿园不得在危及未成年人人身安全、身心健康的校舍和其他设施、场所中进行教育教学活动。

学校、幼儿园安排未成年人参加文化娱乐、社会实践等集体活动，应当保护未成年人的身心健康，防止发生人身伤害事故。

案例教学

违规攀爬，害人害己

2014 年 1 月 17 日上午，学生小李（1999 年生）在我市某中学上体育课自由活动期间，违反规定，擅自爬上悬挂有“严禁攀爬”字样警示牌的计时台，在手拉横杠跳下过程中不慎跌落，致左尺桡骨闭合性骨折。学校在小李病假期间两次看望并垫付了部分治疗费用。后因双方就赔偿问题无法达成一致意见，小李遂诉至法院，请求判令学校赔偿其人身损害损失共计 4.5 万元。

常州市中级人民法院认为，发生事故的计时台属钢架结构，中间有较大的空隙，缺少必要的防护，有一定的安全隐患，且该设施的危险性与小李受伤之间有一定的因果关系，故学校应就设施的欠安全性在本案中承担相应的责任。但事故发生时小李已年满 14 周岁，从其心智成熟度和认知能力考虑，结合学校平时进行的安全教育，其自身过错才是导致骨折受伤产生相应损失的主要原因。

法院最终根据各方的过错大小，结合本案实际，认定小李应就损失承担 85% 的责任，学校承担 15%。因学校方先前支付的数额已远超其所应当承担的比例，故无须再另行赔偿，对小李的诉请不予支持。

法官点评：学校是未成年人学习、活动的重要场所，其有义务为学生提供安全的环境。在校园伤害中，要重点考虑学校履行教育、管理职责的情况，结合学生在其心智成熟度和认知能力下行为的过错程度，综合确定各方责任。本案再次强调了学校加强教学管理的重要性，同时也要配合家庭和社会教育，共同提高学生安全意识。

前车之鉴

我们是未成年人，我们的生命健康权受法律的保护，学校有保护我们身心健康的义务，不得让我们在危险的场所学习生活，也不能让我们使用危险的设施设备。但是，我们未成年人自己也应提高安全意识，增强自我保护能力。

每日一省

______

______

______

第五十四节 加强对未成年人权益的保护

每日一读

《中华人民共和国未成年人保护法》

第四十条第一款 学校、幼儿园应当建立预防性侵害、性骚扰未成年人工作制度。对性侵害、性骚扰未成年人等违法犯罪行为，学校、幼儿园不得隐瞒，应当及时向公安机关、教育行政部门报告，并配合相关部门依法处理。

案例教学

虐待幼儿获刑 2 年半

【基本案情】被告人王璐、孙艳华原系吉林省某幼儿园教师。2015 年 11 月至 12 月间，王璐、孙艳华因幼儿穿衣慢或不听话等原因，在幼儿园教室内、卫生间等地点，多次恐吓所看护的幼儿，用针状物等尖锐工具将肖某等 10 余名幼儿的头部、面部、四肢、臀部、背部等处刺扎致伤。

法院认为，被告人王璐、孙艳华身为幼儿教师，多次采用针刺、恐吓等手段虐待被看护幼儿，情节恶劣，其行为均已构成虐待被看护人罪。依照刑法有关规定，以虐待被看护人罪分别判处被告人王璐、孙艳华有期徒刑2年6个月。

【典型意义】本案是一起虐待被看护幼儿构成犯罪的典型案例。《刑法修正案（九）》增设了虐待被监护、看护人罪，本案的判决，警示那些具有监护、看护职责的单位和人员，应当依法履职，一切针对被监护、看护人的不法侵害行为，都将受到法律的惩处。本案的发生，也警示幼儿园等具有监护、看护职责的单位应严格加强管理，切实保障被监护、看护人的合法权益免受不法侵害。

猥亵学生教师被判3年

【基本案情】被告人潘德峰原系辽宁省沈阳市某学校兼职教师。2015年11月至2016年4月，潘德峰分别将学生吴某、赵某、朱某带至其家中，以不喝酒就是不尊敬老师为名，强行将3名被害人灌醉后留宿，趁被害人睡觉之际对3名被害人多次实施猥亵。

法院认为，被告人潘德峰利用教师身份，向被害人施压、劝酒致被害人醉酒，后乘被害人睡觉之际实施猥亵行为，已构成强制猥亵罪。依照刑法有关规定，以强制猥亵罪判处被告人潘德峰有期徒刑3年。

【典型意义】本案是一起男教师强制猥亵未成年男学生的典型案例。被告人潘德峰对多名未成年男学生实施性侵害，已触犯刑法，构成强制猥亵罪。潘德峰作为教师，系对未成年学生负有特殊职责的人员，法院依法判处其有期徒刑3年，体现了对此类犯罪从严惩处、绝不姑息的态度。

前车之鉴

学校的教职员工要尊重学生的人格尊严，不得体罚变相体罚学生。但是，学生应该尊重老师，遵守学校的各项规章制度，增强自我保护意识，提高自我保护能力，敢于并善于同一切违法犯罪行为作斗争。

每日一省

______

______

______

第五十五节 奸淫幼女被判死刑

每日一读

《中华人民共和国未成年人保护法》

第四十条第二款 学校、幼儿园应当对未成年人开展适合其年龄的性教育，提高未成年人防范性侵害、性骚扰的自我保护意识和能力。对遭受性侵害、性骚扰的未成年人，学校、幼儿园应当及时采取相关的保护措施。

案例教学

奸淫幼女被判死刑

被告人李铁曾因犯奸淫幼女罪被判处有期徒刑 10 年，2004 年 7 月 20 日刑满释放。2009 年暑期至 2011 年 6 月，李铁采取带被害人外出玩耍、送钱、送小人书等手段，先后将 14 名 6 岁至 7 岁的幼女诱骗至湖南省古丈县某山坡、某农贸市场楼梯间及其父在该县某单位的单元房等处，实施奸淫 26 次。

法院认为，被告人李铁以诱骗的方法奸淫幼女的行为构成强奸罪。李铁曾因奸淫幼女被判处有期徒刑 10 年，刑满释放后仍不思悔改，继续针对幼女实施性侵害，所犯罪行极其严重，社会危害极大，且系累犯，应依法从重处罚。依照刑法有关规定，以强奸罪判处被告人李铁死刑，剥夺政治权利终身。经最高人民法院核准，李铁已被执行死刑。

本案是一起典型的诱骗无知幼女实施性侵害的严重犯罪案件。被告人李铁曾因犯奸淫幼女罪被判处有期徒刑 10 年，刑满释放后仍不思悔改，在近两年时间内强奸 14 人 26 次，被害人均系六七岁的幼女，犯罪情节特别恶劣，罪行极其严重，社会危害极大。法院依法对李铁判处死刑，充分体现了严惩严重性侵害犯罪和保护未成年人的精神。

前车之鉴

现实生活中由于未成年人的自我保护意识弱，辨别是非能力不强，侵犯未成年人的合法权益的现象时有发生，我们应该增强法律意识和自我保护意识，提高自我保护能力。作为未成人不能轻信陌生人的话。不能跟着陌生人走，在回家的路上要结伴而行。如果遇到自身权利受到侵犯要会寻求老师、家长的帮助。

每日一省

______

______

______

第五十六节 连续上网，透支猝死

每日一读

青少年上网的五个突出问题：第一，在网上浏览色情、暴力等不良信息，这在网吧中十分普遍。第二，热衷于网上聊天，许多聊天室里的内容低级、庸俗。第三，沉溺于网络，不顾身体健康，无节制上网，通宵达旦。许多网吧，通宵收费 16—20 元，而且提供一条龙服务。网吧的环境十分恶劣，严重影响了青少年的身心健康。第四，网上交友缺少自护意识，影响了正常的学习生活。第五，利用网络恣意妄为，缺乏社会责任感，破坏网络秩序。

案例教学

连续上网，透支猝死

中新网重庆 5 月 12 日电（记者刘洋、刘相琳）

重庆一男子上网回家后突然死亡，民警调查排除刑事案件可能。记者 12 日从重庆大足警方获悉，该男子今年以来上网次数超过 180 次，每次上网时间均超过 5 小时，警方初步判断该男子系上网身体透支猝死。

5 月 10 日晚，大足警方接到黄某报警称，儿子小华在家中死亡。接警后，民警迅速赶到黄某家中。据小华家人介绍，小华今年 21 岁，无业。小华父母都在大足区龙水镇做生意，偶尔回家，小华通常由爷爷奶奶照顾。然而小华经常不在家，大多时候都在网吧上网。

据小华爷爷回忆及民警核实，小华于 9 日凌晨从网吧回到家中，爷爷天亮后曾进入小华卧室，发现小华躺在床上，以为小华在睡觉。直到 10 日 20 时许，小华父母回到家中，这才进屋仔细查看，发现小华全身僵硬，已没有呼吸。

经现场勘查，民警并未发现小华有任何伤势，也没有中毒体征，小华卧室更没有打斗痕迹，财物也都在，排除刑事案件可能。经调取网吧视频监控及走访调查，民警发现小华仅在 2016 年到网吧上网次数就达 180 余次，几乎每天都在网吧出入。事发前，小华在网吧上网时间超过 5 个小时。

据小华父母反映，小华沉迷于网络，经常在网吧过夜，白天回家休息一会儿后又继续去网吧上网。家人曾反复劝说小华改变生活方式，以免影响身体健康，但小华性格倔强，仍我行我素。

目前，经警方调查，初步判断小华因上网身体透支猝死，具体死亡原因需进一步调查。

前车之鉴

长时间连续上网久坐不动，易引发疾病。特别是在玩网络游戏时，大脑一直处于高度紧张状态，身体负荷加重。而晚上熬夜上网，更易造成心律失常。上网时应注意劳逸结合，避免发生类似情况。我们要学会控制上网时间，不沉迷于网络游戏。

每日一省

____

____

____

第五十七节　网络交友必须谨慎

每日一读

《最高人民法院、最高人民检察院关于办理利用信息网络实施诽谤等刑事案件适用法律若干问题的解释》

第六条　以在信息网络上发布、删除等方式处理网络信息为由，威胁、要挟他人，索取公私财物，数额较大，或者多次实施上述行为的，依照刑法第二百七十四条的规定，以敲诈勒索罪定罪处罚。

案例教学

网络交友必须谨慎

网名“沙子”的女孩是南京某大学的一年级学生。2002 年“五一”前，准备出国留学的沙子来到北京，参加一个英语强化培训班。不料，培训班结束后，沙子的父母却突然与沙子失去了联系。两天之后，沙子父亲的手机突然收到了一条短信息，声称“你女儿在我们手中，准备好 118 万元，不要报警，否则后果自负！”接下来，他又连续收到多条类似的短信息，都是用沙子的手机发出的！根据沙子手机的通话记录，警方查实这部手机落在黑龙江省伊春无业人员唐振东的手里。当地警方迅速出击，分别将嫌犯唐振东和毕冬冬抓获。

毕冬冬今年 21 岁，高中毕业后在伊春市的一家网吧做网管。2001 年 10 月，网名“鬼谷”的毕冬冬与沙子在网上聊天时相遇。2002 年春节前，毕冬冬将沙子从南京约到伊春，从网络中的虚拟空间走入现实。通过这次接触，毕冬冬了解到沙子的家境比较富裕，产生了通过网恋改变命运的念头。然而，今年春节过后，沙子的父母为沙子办妥了出国留学的手续，并且安排她到北京参加英语强化学习。在此期间，沙子提出与毕冬冬分手。毕冬冬看到大势已去，遂以出国前再见一面为由将沙子约到伊春。天真的沙子哪里知道，“鬼谷”已经和邻居唐振东密谋了一个罪恶的计划，绑架沙子向她的父亲索要钱财。

5 月 10 日晚上 9 时，沙子从北京赶到伊春，来到毕冬冬的家。深夜，唐振东、毕冬冬对沙子进行了录像，准备通过电子邮件把录像发给沙子的父母进行要挟。这段录像成了沙子生命的最后段落。录像完毕后，唐振东、毕冬冬伸出了罪恶的双手，将沙子活活掐死，并连夜将尸体埋在毕冬冬家后面的荒地里。

仅仅半年多的时间，一个以浪漫“网恋”为开始的故事就走到了最后的终点，死亡成为这段迷情的结局。

前车之鉴

网络是一把双刃剑，具有一定的蒙蔽性，我们不要轻信网友，不要约会网友，不能向网友透露自己的真实信息如学校名称、家庭住址、父母的职业、父母的收入情况等。网上交流毕竟不是两个人面对面地去交流，不易掌握对方的情况，特别是一些女孩，辨别是非能力比较差，而且比较幼稚，往往容易被一些花言巧语所蒙骗，最后上当受骗。

每日一省

____

____

____

第五十八节　为博取关注终害己

每日一读

《中华人民共和国刑法》

第二百九十一条　编造、故意传播虚假恐怖信息罪：编造爆炸威胁、生化威胁、放射威胁等恐怖信息，或者明知是编造的恐怖信息而故意传播，严重扰乱社会秩序的，处五年以下有期徒刑、拘役或者管制；造成严重后果的，处五年以上有期徒刑。

案例教学

为博取关注终害己

2014 年 10 月 18 日凌晨，福州一名在校大学生为提升自己微博的“关注度”，将网友的猜测，在个人微博上撰写散布谣言，被福州市公安局对湖派出所依法查处。

10 月 18 日凌晨 2 时许，昵称为“ × × ”的网民在新浪微博上发布了一条附有多张照片的博文，称“昨夜凌晨，在学生街 KK 酒吧楼下发生打架事件，造成一死两伤。”

由于该博文冠名为“ × × ”，被广大网友误认为系官方言论，因此在微博、网络上被快速传播、转载、评论并在一定程度上引发了公众的恐慌，造成不良影响。获悉情况后，仓山警方立即着手调查，同时通过新浪官方微博“福州仓山警方在线”迅速进行辟谣。经查，18 日 0 时许，仓山对湖派出所接到群众报警，称在仓山区首山路 KK 酒吧附近有人打架。民警抵达现场后，发现系市民蔡某、陈某等 6 名青年在聚会饮酒后发生争执拉扯。其中，蔡姓男子因酒力不佳醉倒在地，另两名男子王某、陈某也因不胜酒力瘫坐地上，现场并未发生斗殴，也无人员受伤。随后，民警将蔡某送至福州市第二医院醒酒，王某、陈某也交由亲属带回家中醒酒。至今日上午，醉酒人员都已恢复清醒。

18 日 17 时许，仓山警方将网名为“××”的男子带到对湖派出所。经询问，该男子系仓山区首山路附近某高校的大三学生，名叫杨某（22 岁，福建省平和县人）。据杨某交代，18 日 0 时许，其与素未谋面的微信女网友聊天时，那名女网友告诉他在首山路 KK 酒吧附近看到有人打架，好像有一个人被打死，两个人受伤，并将部分手机拍摄的现场相片传给杨某。杨某收到信息后，觉得这是一个提升自己网络“知名度”的好机会，在未核实该信息真假的情况下，就急忙在新浪微博上发布上述博文。

截至 18 日上午 10 时许，杨某发布的微博谣言就被转发、转载、评论数百条，浏览量数万次。因害怕自己捏造的虚假事实“曝光”，杨某随后将该条微博进行删除，但尽管如此，不良的社会影响已经形成。鉴于杨某尚属于在校生，且这之前未发现违法记录，仓山警方依法对其作出了行政处罚。

前车之鉴

上网时，我们要遵守法律法规和社会公德，我们不能信谣传谣故意扰乱公共秩序。否则，既要受到道德的谴责又要受到法律的制裁。

每日一省

____

____

____

第五十九节　造谣传谣，严格处罚

每日一读

《中华人民共和国治安管理处罚法》

第四十二条　有下列行为之一的，处五日以下拘留或者五百元以下罚款；情节较重的，处五日以上十日以下拘留，可以并处五百元以下罚款：

（一）写恐吓信或者以其他方法威胁他人人身安全的；

（二）公然侮辱他人或者捏造事实诽谤他人的；

（三）捏造事实诬告陷害他人，企图使他人受到刑事追究或者受到治安管理处罚的；

（四）对证人及其近亲属进行威胁、侮辱、殴打或者打击报复的；

（五）多次发送淫秽、侮辱、恐吓或者其他信息，干扰他人正常生活的；

（六）偷窥、偷拍、窃听、散布他人隐私的。

案例教学

造谣传谣，严格处罚

旌阳公安分局旌阳派出所接到报警称，在市区洋洋百货门口发生纠纷。民警迅速赶到现场，经了解，纠纷系一辆白色宝马 X6 汽车由南街方向行驶至洋洋百货门口处等红绿灯时，与一辆人力三轮车发生擦剐，导致宝马车右前侧保险杠表面漆擦伤，宝马车司机下车与三轮车师傅理论，双方发生争执，宝马车司机向三轮车师傅右眉处打了一拳，对其腹部踢了一脚。民警到达现场后，三轮车师傅被带至市医院医治。随后，交警也赶到现场进行了现场勘察，对宝马车司机相关证件予以扣留。出警民警将宝马车司机带至旌阳派出所进行调查。经查，宝马车司机为市区一房地产公司专职司机代某，41 岁；三轮车师傅李某，中江回龙镇人。当晚，李某经医治后到旌阳派出所，在派出所民警主持下，双方进行协商，于当晚 21 时许达成和解，宝马车司机代某赔偿三轮车师傅李某医疗费及其他费用 800 元，事件得到圆满处理。

这本是一起简单的治安纠纷，然而意想不到的一幕却出现在互联网上。当晚 19 时许，某社区论坛成都吧、德阳吧出现了“某领导公子驾宝马撞人，并殴打致死，派出所抓人又放”的帖子，对这一事件进行了颠倒黑白的编造。经查，发帖的是 28 岁的男子黎某。黎某供称：帖子内容均系自己凭空捏造，目的是吸引眼球，网上多些人看。旌阳公安分局以违反《中华人民共和国治安管理处罚法》第四十二条第二款之规定，对在网上编造谎言诽谤他人的黎某给予罚款五百元的处罚的决定。对于自己的行为，黎某心存悔意，并对所有被自己伤害的人和被欺骗的网民表示公开道歉。

前车之鉴

上网时我们要尊重事实，尊重他人的人格尊严，不能捏造事实侮辱诽谤他人，否则应承担相应的法律责任。

每日一省

____

____

____

第六十节　加强公民信息保护

每日一读

《全国青少年网络文明公约》

要善于网上学习，不浏览不良信息；
要诚实友好交流，不侮辱欺诈他人；
要增强自护意识，不随意约会网友；
要维护网络安全，不破坏网络秩序；
要有益身心健康，不沉溺虚拟时空。

案例教学

非法买卖公民信息案

2012 年 12 月 28 日，河北省张家口市警方获悉，辖区一家公司涉嫌非法获取公民个人信息。

2013 年 3 月 4 日，警方将张某、田某一举抓获，现场查扣 3 台电脑、非法获取的公民个人信息 1.06 万余条。经查，这家公司有 3 位“股东”：驻守在张家口的张某、田某和在北京的杜某。张某、田某负责收集他人个人信息进行网络电话营销，杜某则根据信息中的有意购买者要求发货。随后，警方根据线索，赴广东东莞和湖北孝感等地，抓获涉嫌非法买卖公民个人信息的犯罪嫌疑人顾某、武某、李某等。

淮安破获利用伪基站群发短信诈骗案

2014 年 6 月以来，江苏省淮安市公安局清河分局陆续接到群众报警，称自己银行卡上的钱被盗刷。

经查，2014 年 5 月以来，犯罪嫌疑人朱某自己制作手机木马病毒伪装成“移动积分兑换”等文件，并将病毒销售给郑某、王某、李某、谢某等，由王某架设钓鱼网站，伪装成移动公司积分兑换激活客户端，套取受害人的个人信息及银行卡资料，利用受害人下载到手机上的木马软件拦截验证码短信，最后通过快捷支付的方式大肆盗刷银行卡，涉案金额200余万元，受害群众达10万余名。

淮安侦破“8·7”特大网络诈骗案

2014年8月，江苏省淮安市公安局网安支队在工作中发现：犯罪嫌疑人使用南京、扬州、淮安等地的无线上网卡，登录维护管理46个虚假的高等教育院校网站，并伪造该批虚假高等教育院校的学历证书、学位证书在网上兜售。

经过侦查，专案组派出21个抓捕组、110余名警力分赴11省24市，先后抓获岳某、程某、杜某等犯罪嫌疑人50名，上网追逃4人，扣押各类假资质证书和假学历证书成品、半成品1200余份。在抓捕的同时，专案组还抽调人员梳理出全国“虚假大学”945所。

前车之鉴

网络具有一定的隐蔽性，我们不能轻信网络信息，在获取网络信息后要向相应的国家机关或者官方网站求证。同时，我们不要在网上随意发送自己的真实信息。

每日一省

____

____

____

第六十一节　循循诱导，良苦用心

每日一读

学会做自己的心理导师：了解自己，接纳自己、肯定自己。对自己的生活负责。拥有一个伟大的梦想，设立明确的生活目标。学会自我控制，克服诱惑，活在现实当中。学会疏解愤怒、低落、忧郁、厌倦的情绪。对自己要时常鼓励，增强自信心。建立良好的人际关系。注意锻炼身体，展现朝气活力。学会思考，养成积极进取的学习生活态度。净化自己的心灵，追求平和的心境。

案例教学

循循诱导，良苦用心

李克，学习成绩还不错，而且个性比较活泼，在班级人缘关系比较好，在同学中有一定的威望，篮球在同龄人中也是打得比较好的。因其好动、活泼及在学生中的威望，在入学时老师也比较器重他，在班干部选举时他被选为体育委员。

但是没过几个月，他的一些不良行为就开始显露出来，主要有：上课不认真。有时趴在课桌上睡觉，有时做小动作，有时开小差神游万里；因其学习态度不好，老师经常提醒他们，但却引来的是直接与老师顶撞；过分热衷于体育运动。放学后的课余时间活跃在篮球场上，有时在学校规定外时间打篮球。

学生不良习惯产生的根源有：①家庭因素。家长对他们提出的要求家长总是尽量满足。过多的零用钱使他们有了花钱无度的个性，也让他们对什么都不是很在乎，包括成绩。另一方面家长对他们的期望很高，把全部的希望都倾注在他们身上，所以对他们来说压力很大，由此产生了逆反心理。②个性因素。胆子大，任性，对于别人不敢做的他们敢，做事不考虑后果。听不进规劝，喜欢我行我素。③青少年心理因素。精力充沛，总是喜欢尝试新鲜事物，酷爱标新立异、耍酷、好面子。

由于他们在班级中行为规范性比较差，因此老师对他们特别关注。老师时刻注意着他们的一举一动，有了进步及时表扬，犯了错误马上指出。除了关心他们的学习，老师还很关心他们的日常生活。他们对老师的关心也很感动，但自制能力差的他们，只要他人的一个诱惑，就又把老师的话当作了耳边风。虽然他们事后往往也很后悔，一次次地表示要改正，但是每次都是于事无补。虽然他们的种种行为为班级荣誉抹了黑，但老师从不对他们说一句有损尊严的恶语，总是真诚地和他们进行交流，对他们所面临的焦虑和痛苦感同身受，站在朋友的立场上帮他出谋划策。老师从没有放弃对他们的教育，始终相信他们会变好的。

前车之鉴

对于犯了错误的同学除了批评教育、请家长协助教育，老师还能做哪些事情？对于这类学生如何教育才能取得预期效果？这些问题是教育工作者共同面临的难题。对于这些存在不良行为的同学，老师给予更多的关注和关爱是必不可少的，要循循善诱，与他们耐心且真诚地交流，帮助他们解决问题，学会自我控制，让他们能以积极阳光的心态健康成长。

每日一省

____

____

____

第六十二节　戒不掉烟的张华

每日一读

人际交往的自我调适，是人生的一个必然和重要行为。人类的心理适应，最主要的就是对于人际关系的适应，所以人类的病态心理，主要是由于人际关系的失调而来。因而在人际交往中要注意以下几点：

第一，要重视奉献的人生观的培养。

第二，学会角色扮演的心理调适。

第三，对竞争与合作要有正确的认识。

第四，接受自己，悦纳他人。

第五，正确处理人际交往中的三个度：情、理、法。

第六，消除人际交往中的不良心理。

案例教学

戒不掉烟的张华

张华被查出偷偷吸烟，经过教育，老师以为他不会再犯。但出乎意料的是，他又接二连三的吸烟，而且每当老师询问他，他总是信誓旦旦地说绝不再犯，这真让老师火冒三丈。到底问题出在哪？老师把吸烟的危害说得淋漓尽致，也告诉他盲目模仿他人不可取。怎么他就不能改掉呢？经过深入的调查，老师发现原来吸烟的学生形成了一个固定的小帮派，在这个圈子里，谁要因为被老师教育而不再吸烟，其他学生就会讥笑他。出于逞能的心理，张华就阳奉阴违。明白了关键所在，老师就找来了所有和他经常一起吸烟的学生，让他们自己说一说当时吸烟时的想法，当学生们敞开心扉的时候，他们自己就意识到了原来自己的一些想法是多么幼稚。

心理学家认为，当某事物被禁止时，很容易引起人们的好奇心和求知欲。尤其是在只作出禁止而又不作出任何解释的情况下，浓厚的神秘色彩更易引起人们的猜测。那些“青少年不宜”的影视广告就是利用青少年的好奇心理，从而达到吸引更多的青少年去观看的目的。

针对中学生的心理特点，若是一味压制，只能助长他们的逆反心理。青春期学生可塑性极强，自立自主的欲望又特别强烈，老师和家长对待他们要像对待朋友一样，决不可采取高高在上的姿态。那种看成“服从”与“被服从者”的观点非常不利于对学生的教育和心理疏导。老师和家长对孩子要严禁使用命令，那种认为命令孩子服从是天经地义的想法是错误的。老师和家长对孩子的事不要随意发表评论，而要采取一种积极聆听的姿态，培养孩子独立分析问题的兴趣和能力，培养孩子的自信。作为班主任，要不断加强自身学习，不断提高文化素质，学会辩证地、全面地、发展地看问题，避免由于认识片面、视野狭隘造成自身认识错误。

前车之鉴

老师与家长要真正融入孩子的生活，了解他们喜欢什么，了解他们的喜怒哀乐，成为孩子真正的“良师益友”，只有这样，才能真正克服孩子的逆反心理，这对孩子的身心健康发展大有裨益。

每日一省

第六十三节　树立信心，告别自卑

每日一读

具有充分的适应力；充分地了解自己，并对自己的能力作出适当的评价；树立切合实际生活的目标；不脱离现实环境；保持人格的完整与和谐；善于从经验中学习；保持良好的人际关系；发泄情绪和控制情绪要适度；有限度地发挥个性，但是不能违背集体利益；恰当地满足个人的基本需求，但是不能违背社会规范。

案例教学

树立信心，告别自卑

小赵是一位初二年级的女同学，她长着一对会说话的大眼睛，头发黄黄的，稍稍有些卷曲，学习成绩在上游，非常腼腆，性格内向，不苟言笑，上课从不主动举手发言，老师提问时总是低头回答，声音听不清，脸蛋涨得绯红。下课除了上厕所外总是静静地坐在自己的座位上发呆，老师叫她去和同学玩，她会勉强笑一下，仍坐着不动。平时总是把自己关在房里，不和同学玩。遇到节假日，父母叫她一起玩、做客，她都不去，连外婆家也不去。

她长期受自卑、羞怯、焦虑和恐惧等负面影响，过重的心理负担使她不能正确评价自己的能力，一直怀疑自己的优点。即使在成功面前也难以体验成功的喜悦，从而陷入失败的恶性循环之中。这样就严重影响她的身心健康发展。

母亲对孩子的学习辅导力不从心，父亲每晚工作到深夜才回家，偶尔才过问一下孩子的学习情况，对孩子的期望也很高，但表达的方式十分粗暴。

这半学期以来，老师在班级里进行了“班级是我家，管理靠大家”的活动管理实践，通过一段时间的努力，老师惊喜地发现小赵同学的情况明显好转，她在班级各项活动的影响下，逐步消除了自卑心理，真正树立起了“我能行”的良好心态。现在她不但喜欢与同学一道做游戏了，而且积极参加班级管理、年级管理。“师爱是教育的基础”，为了去除小赵的畏惧心理，老师在课余经常有意无意的找小赵闲谈，中午她在校午睡时，帮她盖好被子，让她帮老师拿作业、发作业本，上课时从不公开点名批评她，发现她有所进步及时表扬，经常对同学说：“看，我们的小赵今天坐得真端正！”“我们的小赵同学回答问题真响亮”在有意无意的语气中，让全班同学意识到小赵是班集体中的一员。渐渐地，小赵开始喜欢和老师接近了，有一次，她还天真的问：“老师，你是老师吗?”“我不像老师吗?”老师反问。“不太像，你上课老爱笑，老师上课是不笑的！”老师欣然地拉着她的手说：“好孩子，这是因为你不知道，其实上课爱笑的老师多得很！”

前车之鉴

当一个人依恋的需要得不到满足，与家庭的亲密关系得不到满足，如失去父母、生活在单亲家庭、缺少父母关爱等，或与周围的同学、老师人际交往困难，难以适应周围环境的变化等，都容易产生孤独感、无助感。于是，部分学生借助网络交友或玩游戏，通过虚拟的人际沟通和情感上的交流，获得安慰、支持和理解，弥补现实生活中的情感需要。

每日一省

第六十四节　克服阻碍，勇敢自信

每日一读

会自卑，往往是因为缺少了自信，或对于自己的某个地方不满意而感到自卑。不管自己有再多的不好之处，都不应该对自己失去信心，信心是自己的，一旦失去了，就很难再找回了，但是只要对自己一直充满信心，就不会怕自卑。对于那些自卑的人，我们要多关心她们，让她们感到家的温暖！

案例教学

克服阻碍，勇敢自信

毛某太胆小。老师把她的父母请来，详细地分析了毛某在校的表现及原因，与他们交流，反馈情况，共同商量解决孩子不良心理状况的办法，建议家长选择适当的教育方式，为她提供表现自己的机会。比如在家里：有客人来到家里，家长可以让她为客人递茶、剥糖果等，也可以让她与客人玩一会儿，给大家表演一个节目。同时，适当地让孩子做家务，提高孩子的自理能力，从家务劳动中锻炼与家人交往的能力。对孩子的进步给予肯定、表扬，提升孩子自信。为了调动她的自我教育意识，每个月都给她以积极的评价，如把毛某突出的个人事迹在班集体中、家长会上集体表扬。这样充分调动了她的积极性，使她在评价中自我激励，迸发个人力量，不断自律、自信、自强。在经过一番激励之后，毛某也积极投入到各项自主管理中来，从班级的小组长开始，她对自己、对同学、对事情的看法有了明显的变化，她不再沉沦在自卑之中，更多展现出来的是一种自信、自强。

记得有一次班级举行小组间的演讲比赛，胆小的毛某被所在小组选上了，老师知道这是小组成员给她的机会，就发动她的好朋友动员，并让他们一起上。开始她不愿意，最后加上家长和老师的鼓励，她上了。而且表现得还不错。班主任和其他老师都在自己所任课上以她为典型进行了表扬。她第一次在同学们面前有了开心的笑容。从此她变了好多。对好多课似乎也有了一定兴趣。后经过不断鼓励，巩固，她进步了。有一天她问老师：“我能行吗?”老师说：“你这么棒，当然行。演讲得那么好，还有什么不行的呢!”她激动地不住点头。从此，她真的非常努力，成绩有了飞跃。

前车之鉴

毛某的成功体现了激励的作用、集体的力量。因而，针对类似毛某这样的学生要循循善诱，不可操之过急，老师不要把注意力集中在孩子的不良表现上，要更多地关注孩子的优点和特长，使之一步步放开自己心绪，慢慢地转变看待周围事物的不正确思想，将自己融入集体中，一点点感受大家给他的善意，通过多元评价、活动参与，使其自信、自强，从而将自己的注意力转移到父母、老师、同伴上来，最终消除与所有人的隔阂，乐于接受教育者的教育。

每日一省

第六十五节　焦虑的叛逆期少年

每日一读

虽不能改变环境，但可改变自己；虽不能改变事实，但可改变看法；虽不能支配他人，但可控制自己；虽不能依赖别人，但可依靠自我；虽不能改变容貌，但可露出笑容；虽不能左右天气，但可改变心情；虽不能决定先天，但可改变后天；虽不能预知明天，但可利用今天；虽不能改变过去，但可决定现在；虽不能决定结果，但可掌握过程；虽不能样样成功，但可尽力而为；虽不再拥有童年，但可保持童心；虽不能决定寿命，但可决定幸福。

自我开发快乐资源：奋斗求乐、助人为乐、化有为乐、化苦为乐、知足常乐、养趣获乐、自得其乐。

案例教学

焦虑的叛逆期少年

有一天下班回家的路上，我遇到了一个曾经教过的男生。他是一个朋友的孩子——轩。我见到他时，一个人在大街上溜达，身上背着书包，嘴里还吸着烟。他开始并没有注意到我，当我喊他的名字时，先是一愣，后急忙扔掉香烟，站在那呆呆得看着我。也许是老师的身份，让他当时的表情就是诚惶诚恐。我并没有批评他，只是嘱咐他早些回学校，因为那个时间段是学生在校上自习的时间。第二天，他主动来到我的办公室，说出了他昨天逃课的原因。轩本来是个不错的学生，好多老师都说他聪明，给我的印象也很好。可在高一下期学校重新调整了班级，轩离开了原来的班级。新的环境让他感到很陌生，新的同学和老师让他感到很不适应，没能够很快的调整心态，融到新的集体中去。有一天轩迟到了，新的班主任批评了他，这让他感到很不快。第二天轩又迟到了，这次他是故意的，他不愿向老师认错，老师很生气，就请了他的家长，面对老师和家长的教育，轩不仅没有改正，而是选择了逃避，逃学去网吧待了一个上午。后来就出现了开始我讲的情况。轩对我说自己很想回到原来的班级，对原来的老师和同学很留恋。自己非常担心在新的环境中和同学们处不好，怕被老师和同学们瞧不起，心情非常焦虑，产生了对立情绪。

前车之鉴

轩的行为是因为心情焦虑时间过长，自己长时间处于无缘无故又无法摆脱的紧张状态引起的。其实到了新环境中后，他并没有和别人发生矛盾，而是自己过度担心、紧张的情绪使自己产生了焦虑情绪，从而导致行为失常。同学们，当我们进入一个新环境，要主动、大胆走进新集体，你会收获更多的友谊和成功。

每日一省

____

____

____

第六十六节　心理问题，对症下药

每日一读

心理健康教育的途径：

第一，全方位优化社会心理环境，减少劣性刺激。

第二，全面渗透心理素质培育，以优化心理素质。

第三，适量开设心理健康教育课程，以普及心理保健知识。

第四，进行必要的心理测查，以了解心理状况。

第五，开展多种心理辅导，以缓解心理问题。

案例教学

心理问题，对症下药

姜宏涛是我校五年级的男生，一直以来是学校老师的关注对象，家庭贫困，不注意个人卫生，尤其是夏天，身上有异味，整个人都没有办法接近，老师经常督促他洗澡，换衣服。最近更有变化了，在和同学玩的过程中，竟然把同学打了，而且在一周的时间里，类似的错误经常犯，引起了老师的注意。据上她们班课的老师反应，他上课注意力不集中，对不喜欢的老师，更不听课。作业不会，也不会问老师，也不愿意让同学帮忙。因此，学习成绩逐日下降。

姜宏涛的心理测试结果：

1. 该儿童的确存在攻击性和交往不良倾向。

2. 该儿童的个性偏外向，有“乐群外向”的特点，与父母所述的“不合群”相矛盾，需具体分析原因。

3. 该儿童的智力与注意力正常，具有正常的学习能力，成绩下降，应着重考虑非智力因素。

原因分析：姜同学从小随父母生活，在幼儿园大班前基本上性格温顺，甚至比较胆小，很听父母的话。其实，应该说，比起同年龄的孩子，姜宏涛还是让父母少操了很多心，尤其在学习上。基本上这四年来，都是他自己独立完成作业的，像整理书包之类别的孩子需要父母帮忙的事，他都能自己管好。而且可能是家庭影响，父母都爱看书，所以姜宏涛也非常爱看书，小小年纪，已经将《水浒》《三国演义》等名著看过了。三年级前，虽然爱打架，但功课还是中上偏优，只是到了四年级，换了个班主任，比较严格，经常叫他到办公室，于是开始反感，不听课，成绩下降了。而且前一周的某节班主任课（数学课）上，明明是他旁边的中队长叫他，他才说了一句话，但老师只批评了他，他感到愤愤不平，却并没告诉父母，还是父母听别的同学说的。现在，他脾气很大，情绪经常很激动，父母问他多了，他就会发火，大喊大叫，很难控制自己的行为。

前车之鉴

教育者对有心理问题的同学，应对症分析，从各层面施加积极的影响，以促进其心理正常发展，维护其心理健康。

每日一省

____

____

____

第六十七节　身心健康，全面发展

每日一读

心理健康教育，一项利教、助学、益社会的奠基工程。

常言说，浇花要浇根，育人先育心。教书育人，从心开始；健康的心理，为你添上飞翔的翅膀，用“心”呵护心灵健康。

打开心灵的门窗，让阳光进来。健康的人需要健康的心。架起心桥，共赴成功。心心相融，才能欣欣向荣。

案例教学

身心健康，全面发展

李某，1987 年出生，广东人。初中一年级男生。家中排行第五。七岁上小学，二年级以前很好学，很听话，是家人和老师眼中的好孩子、好学生。三年级开始经常出没于电子游戏室，并逐渐沉迷于电子游戏，无心上课、读书。在电子游戏室学会了抽烟，并结交了一些行为不端的伙伴。上课时经常听不懂、打瞌睡，作业无法完成，学习成绩急剧下降。为此常受到老师的批评。他不但不思悔改，反而与教师作对、顶撞老师，并经常逃学旷课。当父母知道后受父亲严厉责打，便离家出走。

家庭背景：家庭成员关系和睦，家庭经济状况良好，家庭教育方式民主，但有时方法粗暴简单。李某的父亲，50 岁，初中文化，系承包工程的个体业主；李某的母亲，小学文化，家庭主妇。有二位兄长和二位姐姐，除二姐正在广州读大学外，其他几位哥姐都文化程度不高且已工作。李某在家中倍受父母及兄姐的宠爱，每周的零花钱除了父亲给以外，两个哥哥也经常会主动给予。因为年纪最小家中的任何事务均无需其操心，就连其力所能及的事，包括其个人生活琐事也是父母或哥姐代劳。但家庭成员中因为姐姐的文化程度最高，更加得到家人及李某的格外尊敬和器重。李某也时常夸耀和羡慕自己的姐姐。

个性分析：李某性格外向，坦白直率，易信赖他人，独立性、敢为性均较高，敏感性低，理智性强，注重现实。坚持性差，缺乏责任感，易冲动。好胜心不强，较谦虚顺从，忧郁，有时有烦恼。

前车之鉴

家长在为孩子们提供优裕生活环境的同时，作为成年人更应关注他们的身心全面发展，作为教育工作者应该教会学生如何合理地、科学地、健康地安排自己的闲暇时间，做既会学习、工作，又会生活、休息的身心健康的人。

建立学校和家庭心理健康教育沟通的渠道，优化家庭教育环境。引导和帮助学生家长树立正确的教育观，以良好的行为、正确的方式去影响和教育子女。

作为中学生的你，如果也有类似问题，应在老师同学的帮助下，使自己不但有健康的身体，更应具有健康的心理。

每日一省

第六十八节 关注关爱留守儿童

每日一读

病从口入，病由心生。心理疾病预防重于治疗。心理的疾病比起生理的疾病为数更多，危害更烈；不良的心理因素对健康的危害不亚于病菌；良好的心理因素对健康的作用胜过保健品。

心理健康是健康的一半，一种美好的心情，比十副良药更能解除生理的疲惫和痛楚。乐观是养生的要诀，常常忧思和愤怒易使健康的身体衰弱。心理健康是青少年走向现代化、走向世界、走向未来、建功立业的重要条件。一个民族如果没有健康的身体和良好的心理素质，这个民族就不可能屹立于世界民族之林；真正带给我们快乐的是智慧，而不是知识；良好的心理素质是成功、幸福的基石。

案例教学

关注关爱留守儿童

孙强，留守儿童，父母常年出外打工，现由祖父母监护，其祖父母均近70岁，且无文化。从其祖父母介绍得知，孙强的父母很少往家里打电话，只是寄钱时才和孙强说几句，感到常年在外对不住孩子，要求孙强的祖父母多给孙强一些零花钱，别委屈了孩子。作为祖父母，更是溺爱孩子，缺乏正确的教育态度和方法。对孙强的学习和生活基本是听之任之。据孙强的班主任付老师介绍，最近一个月孙强上课总是无精打采，不能专心听讲，作业也不能按时完成，考试成绩下滑很快。他以前总是很开朗，喜欢与其他同学打成一片，现在则喜欢独来独往。付老师多次与他及家长沟通，均不见效果。据了解他最近常常一个人跑到网吧上网，主要是玩游戏，特别是双休日他每天都要玩到八个小时左右。他感到很过瘾，很痛快，谁拦也拦不住，其祖父母不让他玩，他会很难过，有时还会耍脾气。孙强确实对上网打游戏走火入魔了。

初步分析：孙强同学网络成瘾的最初原因是感到自己不能得到像正常孩子一样的父爱与母爱，表现出了他对现实生活的不满情绪，随着上网时间的增长，游戏在他的心中占据了很重要的位置，只有通过玩游戏，他才能寻找到快乐，从而导致与现实生活越来越远，学习无精打采，成绩越来越差，爱独来独往。

解决方案：走进学生的心灵，真诚沟通，耐心劝导，转变想法或观念。减少其上网次数，控制其上网时间。从周一到周五，每天上网的时间只能在晚上六点到八点这一段的时间内。每天上网的时间不超过一个小时。周六周日，每天上网的时间不超过二个小时。任何时间不得去网吧。

前车之鉴

中小学生心理健康教育，要根据学生心理发展特点和身心发展的规律，有针对性地实施教育。面向全体学生，通过普遍开展教育活动，使学生对心理健康教育有积极的认识，使心理素质逐步得到提高。关注个别差异，根据不同学生的不同需要开展多种形式的教育和辅导，提高他们的心理健康水平。

每日一省

第六十九节　致敬钟南山院士

每日一读

远离传染源。通过正规渠道，关注新型冠状病毒感染的肺炎疫情报道，避免前往正在发生疫情的地区。避免到封闭、空气不流通的公众场所和人多集中地方，必要时请佩戴口罩。需要乘坐公共交通工具时，建议佩戴外科口罩。

注意卫生。咳嗽和打喷嚏时使用纸巾或屈肘遮掩口鼻，防止飞沫传播。不要随地吐痰，应将口鼻分泌物用纸巾包好，弃置于有盖垃圾箱内。保持手卫生。避免与他人共用物品，保持家居、餐具清洁，勤晒衣被。

开窗通风。保持室内空气的流通，如周围有呼吸道症状病人时，应增加通风换气的次数，开窗时要避免穿堂风，注意保暖。

案例教学

致敬钟南山院士

17 年前，在“抗击非典”的严峻时刻，作为中国工程院院士、我国呼吸病学的顶尖级专家，钟南山院士说了一句掷地有声的话：“把重症病人都送到我这里来！”那年他已经 67 岁了，可是一直奋战在前线，为中国最后取得抗击“非典”的胜利立下了卓著功勋！钟南山院士因此被评为 2003 年“感动中国十大人物”之一。

今年，当新冠病毒肺炎的疫情出现时，许多人还没意识到病毒的凶险程度，他便以自己精深的专业素养第一个告诉大家真相：“新冠病毒有人传人的危险，请大家没有特殊情况千万别去武汉！”但是，已经84岁高龄的他，却毅然奔赴武汉，来到疫情最严重也最危险的第一线。在火车上他一边吃着盒饭，一边研究疫情，后来实在太累了，靠在椅子上就睡着了。这张照片感动了无数人，大家称赞钟南山院士是“逆行者”！

钟南山年轻时是一名运动健将。时至今日，北京医科大学还有几项由钟南山创下的运动纪录无人能破。1959年9月，在首届全运会上，钟南山以54.4秒的成绩打破了400米栏的全国纪录。

如今，84岁的钟南山依然是一名运动健将，他以自己的专业，以自己饱满的生命，引领全国人民和新冠病毒赛跑，冲在抗疫斗争的最前面！在他冲锋陷阵的背影上，写满了一种伟大的精神，这种精神叫“科学”“专业”“无畏”和“担当”。

当然，冲锋陷阵的不只是钟南山一个人，还有许许多多默默无闻的医护人员，他们是勇敢无畏的，更是无私奉献的。他们同样令我们感动，同样应该被我们记住。

我们虽然看不见他们的脸，也不知道他们的名字，但我们知道，是这些白衣天使顶着巨大的压力和危险奋斗在第一线，冲锋在这个没有硝烟的战场上，使命与责任，让他们守护着武汉，守护着中国。

每日一省

____

____

____

第三章
法治教育

习近平总书记关于法治教育的论述

“要深入开展法制宣传教育，在全社会弘扬社会主义法治精神，引导全体人民遵守法律、有问题依靠法律来解决，形成守法光荣的良好氛围。”

——2018年2月24日，习近平在中共中央政治局第四次集体学习时的讲话

“我们要通过不懈努力，在全社会牢固树立宪法和法律的权威，让广大人民群众充分相信法律、自觉运用法律，使广大人民群众认识到宪法不仅是全体公民必须遵循的行为规范，而且是保障公民权利的法律武器。”

——2012年12月4日，习近平在首都各界纪念现行宪法公布施行30周年大会上的讲话

“要加强宪法和法律实施，维护社会主义法制的统一、尊严、权威，形成人们不愿违法、不能违法、不敢违法的法治环境，做到有法必依、执法必严、违法必究。”

——2018年2月24日，习近平在中共中央政治局第四次集体学习时的讲话

“要完善立法规划，突出立法重点，坚持立改废并举，提高立法科学化、民主化水平，提高法律的针对性、及时性、系统性。要完善立法工作机制和程序，扩大公众有序参与，充分听取各方面意见，使法律准确反映经济社会发展要求，更好协调利益关系，发挥立法的引领和推动作用。”

——2018年2月24日，习近平在中共中央政治局第四次集体学习时的讲话

第一节 校门口上演的血战

法律再现

《中华人民共和国教育法》

第七十二条 结伙斗殴，寻衅滋事，扰乱学校及其他教育机构教育教学秩序或者破坏校舍、场地及其他财产的，由公安机关给予治安管理处罚；构成犯罪的，依法追究刑事责任。

警钟长鸣

校门口上演的血战

据报道，2009 年 10 月 22 日晚上，合肥市飞跃职业技术学校门口上演一场“血战”。该校 4 名学生被另一学校的 7 名学生堵截追砍，造成 2 人被砍伤。记者从警方了解到，参与砍人的学生已被抓获，以涉嫌故意伤害罪进行刑事拘留。而令人不解的是，这七名青少年在被送往看守所的路上，仍然有说有笑。

据警方透露，这起案件的起因，竟是一次小摩擦。10 月 9 日，胡俊（化名）在一次聚会中，遇到另一职业学校的学生徐华，两人发生口角后，胡俊用脚踹了徐华一下，后被众人及时制止。徐华临走前曾对胡俊说：“你等着，一定要给你颜色瞧瞧。”22 日 22 时许，在合肥飞跃职业技术学校门前，胡俊和 3 名同学准备出校门吃饭时，被李某等 7 人堵在校门口。此 7 人手上分别持有刀、棍等武器，他们发现胡俊等从校门口出来后，不由分说，追上去就对他们刀砍棍砸。其中一名学生在逃跑过程中，不幸后背被砍一刀，当即趴在地上。另一名在逃跑过程中，左手无名指、中指第三指节被砍断。24 日晚，民警将 6 名案犯抓获，最后一名案犯也于 25 日清晨，来到派出所自首。警方透露，案犯中 6 人为未成年人，另一人今年也刚满 18 岁。得知孩子被刑拘的消息后，有几位家人也来到派出所。一位母亲看着铁窗里戴着手铐的儿子大哭起来，嘴里念叨着，“孩子太小了，怎么会这样啊。”而母亲的哭声并没有让儿子感到内疚，在被送往看守所的路上，他们在警车中仍然相互交谈，不时还发出阵阵笑声。

“这些青少年表现出来的这种无所谓的态度，跟他们的年龄很不匹配，实在让我们这些民警难以理解。”民警说。直到看守所的大门打开时，这几个青少年才有所畏惧。“他们看到里面那些穿着蓝色背心的劳改犯，脸色明显就变了，不敢讲话了，腿也在发抖，再过段时间，他们可能才知道自己当时有多么冲动。”

青少年违法犯罪不仅会造成对国家、社会、被害人及其家人的危害，也会造成对自己和家人的危害，代价往往是极其沉重的。俗话说，一失足成千古恨。青少年违法犯罪会改写自己的人生，埋葬自己的前途，自己付出的代价是最为沉重的。很多时候违法犯罪离我们并不遥远。作为青少年，要牢记一句古训：勿以善小而不为，勿以恶小而为之。

每日一省

____

____

____

第二节　心怀不满引发命案

法律再现

《中华人民共和国治安管理处罚法》

第二十六条　有下列行为之一的，处五日以上十日以下的拘留，可以并处五百元以下罚款；情节较重的，处十日以上十五日以下拘留，可以并处一千元以下罚款：

（一）结伙斗殴的；

（二）追逐、拦截他人的；

（三）强拿硬要或者任意损毁、占用公私财物的；

（四）其他寻衅滋事行为。

警钟长鸣

心怀不满引发命案

因对同班同学心怀不满，重庆渝中区一初二学生邀约外校学生及社会青少年，对其进行拦截殴打，最终致其死亡。重庆市渝中区公安分局通过官方微博@平安渝中对外通报了此事。

警方透露，2015 年 6 月 29 日 16 时许，渝中区某中学初二学生谭某（男，14 岁，渝中区人）因对同班同学郑某（男，16 岁，四川邻水人）心怀不满，遂邀约外校学生及社会青少年在人和街 810 车站附近对郑某进行拦截殴打，致郑某回家后感觉不适送医抢救无效死亡。警方接报后迅速展开调查。

目前，涉嫌故意伤害致人死亡的谭某等 4 人已被警方刑事拘留，警方同时传讯其他在场的 6 人到案接受调查，案件正在进一步调查处理中。

近年来，未成年人犯罪率和低龄化令人担忧，据 2015 年 7 月 1 日《检察日报》报道，青少年犯罪总数占全国刑事犯罪总数的 70% 以上，据 2013 年我国未成年犯抽样调查分析报告，我国未成年人犯罪低龄化现象显著，未成年人犯罪时的年龄以 14 岁、15 岁、16 岁的居多，约占总量的三分之二，其中 14 岁未成年人犯罪比例明显上升。

我们一定要学法、知法、守法、用法，只有认识到不良行为与违法犯罪之间并没有不可逾越的鸿沟，仅仅是一步之遥，如果让不良行为任其发展，必然会走上违法犯罪道路。实施每一个行为时，一定要冷静思考，想想是不是违法？若违法即止步。法律是青少年健康成长的保护神。

每日一省

第三节　女生打架引发热议

法律再现

《中华人民共和国治安管理处罚法》

第四十三条　殴打他人的，或者故意伤害他人身体的，处五日以上十日以下拘留，并处二百元以上五百元以下罚款；情节较轻的，处五日以下拘留或者五百元以下罚款。

有下列情形之一的，处十日以上十五日以下拘留，并处五百元以上一千元以下罚款：

（一）结伙殴打、伤害他人的；

（二）殴打、伤害残疾人、孕妇、不满十四周岁的人或者六十周岁以上的人的；

（三）多次殴打、伤害他人或者一次殴打、伤害多人的。

警钟长鸣

女生打架引发热议

2015 年 2 月，“实拍重庆女生打架现场，无助眼神叫人心疼”的视频在网间流传，再次引起公众对校园安全隐患的热议。12 日中午，重庆市酉阳县公安局官方微博发布通报称，经查证，此打人事件发生在去年 3 月，已过治安案件追究时效，公安机关不再予以处罚，已责成殴打者赔礼道歉。

“（下手）轻点哦”，视频画面中声音刚落，一名身穿格子衫的女生脱去外套，朝站在阳台处的女生踹了几脚，并揪住其头发拖甩在地上拳打脚踢。此时，疑似从拍摄者处传来“我来我来”的声音。随后，画面中又出现一名穿花衣外套的女生加入殴打，两人开始辱骂被打者。

很快，被打女生脸蛋红肿，头发蓬松，她双手护住头，哭着说“对不起”。但打人的两名女生并未停手，另有两位女生坐在楼梯上观看。曝光的打人过程持续 1 分钟左右。

视频贴吧留言中，不少网友表示打人画面“太残忍”“看着心疼”“难以相信是女孩子所为”。

12 日中午，酉阳县公安局官方微博称，经多方查证，查明打人者系重庆市酉阳县一中学初二年级 4 名未成年女生。2014 年 3 月，周某、冉某、任某、罗某在县体育馆溜冰时与邻校初二年级女生陈某、黄某发生纠纷。

周某等人对陈某实施殴打，并拍下视频，还威胁对方不得告诉家长或报警。直到今年 2 月，视频上网，事件才曝光。

通报称，根据《中华人民共和国治安管理处罚法》第二十二条规定，该案件已过治安案件追究时效，公安机关依法不再处罚，责成家长严加管教。目前，周某等女生及家长已向被殴女生及家长赔礼道歉，并给予经济赔偿，双方达成和解。

请同学们记住几句话：恶习伤害你，品德扶正你，法律规范你；父母养育你，老师教导你，国家关怀你。路在脚下，成长进步，关键要靠你自己去努力。

每日一省

第四节　逞一时义气毁了他

法律再现

《中华人民共和国刑法》

第十七条　【刑事责任年龄】已满十六周岁的人犯罪，应当负刑事责任。

已满十四周岁不满十六周岁的人，犯故意杀人、故意伤害致人重伤或者死亡、强奸、抢劫、贩卖毒品、放火、爆炸、投毒罪的，应当负刑事责任。

已满十四周岁不满十八周岁的人犯罪，应当从轻或者减轻处罚。

因不满十六周岁不予刑事处罚的，责令他的家长或者监护人加以管教；在必要的时候，也可以由政府收容教养。

警钟长鸣

逞一时义气毁了他

每个人都有美好幸福的童年，曲哲（化名）也曾有过美好的理想。当鲜艳的红领巾戴在他胸前的时候，他的父母脸上也曾露出满意的笑容。但他已偏离了人生轨迹，16 岁就掉进了罪恶的深渊。当冰冷的手铐铐住他的双手，当高墙电网隔断了他和亲人的团聚，他方猛醒。可是，一切都太晚了。

曲哲出生在一个普通的双职工家庭里。父母对他很宠爱，家庭充满温馨。小学时，曲哲聪明好学，读书用功，在班里的学习成绩一直名列前茅，并且先后在班里担任了组长、班长、学习委员。小学毕业时，他以优异的成绩被市重点中学录取。曲哲沉浸在父母、同学和老师的赞扬声中。在沾沾自喜的同时，他变得狂妄自大起来。思想开始滑坡，渐渐地和社会上不三不四的人混在一起，并学会了抽烟、喝酒，学习成绩直线下降。在家里他再也听不进父母的良言相劝，在学校更听不进老师的谆谆教诲。

可怜天下父母心，父母仍对曲哲抱着极大的希望。为了使他与那些所谓的“朋友”

断绝来往，妈妈把曲哲送到省会的一所医学院学医，希望他能够脱离原来的不良朋友，重新赶上去。曲哲似乎明白了父母的一片苦心，暗下决心，再不像以前那样。功夫不负有心人，在期末考试中他以全班前十名的好成绩告别了这一学期。

暑假开始了，一年未见的“铁哥们”陈风找到了他，两人聊起一年来的“新鲜事”。陈风提起自己与女朋友方欣因种种原因发生了矛盾，关系不断恶化。陈风越说越气，甚至要求曲哲帮他出口恶气，将方欣教训一下。曲哲为了哥们义气便答应帮忙。

第二天，他们约好时间，把方欣骗到一间没人住的小破屋内。到了那里，方欣感觉到有点不对劲，拔腿要走。陈风追上去将她摔倒在地，两人便在地上扭打起来。曲哲吓得茫然不知所措，像一个木头人一样一动不动。此时陈风瞪着发红的眼睛，气急败坏地冲他喊：“哥们儿快点”，曲哲身不由己地跑了过去，不顾方欣苦苦哀求，残忍地将其杀害了。一个无辜少女就这样惨死在他们的手中……

这个案例警示同学们，打架斗殴，寻衅滋事是违法的。违反了治安管理处罚法和预防未成年人犯罪法。像该案中帮忙型的违法犯罪也是时有发生的。如果不分是非曲直地乱帮忙，就会越帮越忙，还可能把自己和同学、朋友都帮进牢房，害人害己。看见同学之间，朋友之间发生争吵、矛盾时，要努力从中斡旋、劝解，促进双方互谅互让，大事化小，小事化无，消除隔阂，化解矛盾，切勿火上浇油，激化矛盾。

每日一省

第五节　小纠纷引发的命案

法律再现

《中华人民共和国刑法》

第二百九十二条　【聚众斗殴罪】聚众斗殴的，对首要分子和其他积极参加的，处三年以下有期徒刑、拘役或者管制；有下列情形之一的，对首要分子和其他积极参加的，处三年以上十年以下有期徒刑：

（一）多次聚众斗殴的；

（二）聚众斗殴人数多，规模大，社会影响恶劣的；

（三）在公共场所或者交通要道聚众斗殴，造成社会秩序严重混乱的；

（四）持械聚众斗殴的。

聚众斗殴，致人重伤、死亡的，依照本法第二百三十四条、第二百三十二条的规定定罪处罚。

警钟长鸣

小纠纷引发的命案

2006 年 5 月，某县公安局刑警大队和石羊塘派出所联手出击快速反应，侦破一起现行命案，抓获犯罪嫌疑人阳勇华（男，1989 年 7 月生，在校学生，17 岁），使这起因小纠纷引发的在校学生互相斗殴命案成功告破。

5 月 26 日中午，石羊塘镇某学校学生贺军吃完中饭后，返回教室，走到三楼楼梯时，不经意的将饭盒内一些水泼向楼下，刚好溅在二楼楼梯间的阳勇华身上，阳勇华便到三楼找贺军理论，两人发生纠纷，当时被贺军扇了一记耳光，后被贺军同学廖东升（男，1988 年 12 月生，初三年级学生）等人劝开。阳勇华见自己衣服也被弄脏，又吃了眼前亏，心里愤愤不平。

当天晚上 8 时许，第二节晚自习下课，阳勇华刚好碰见贺军，他用饭盒盛了一盒水泼在贺军身上，以报白天之仇。贺军也不是省油的灯，于是两人又开始打斗起来，后被围观的学生劝开。当晚 9 时许，第三节晚自习下课时，贺军纠集同班同学廖东升等 6 人在学校操场处等待阳勇华，准备好好教训他。当廖东升发现阳勇华过来时，便冲过去，将想逃跑的阳勇华抓住，其他几人冲过来将阳勇华围住，对阳勇华拳打脚踢。阳勇华被打得蹲在地上。这时，突然一声惨叫，廖东升倒在地上，口吐白沫，胸部出血，已经死亡。

经法医鉴定，死者廖东升系被锐器刺中心脏死亡。

犯罪嫌疑人阳勇华因涉嫌故意杀人罪被判处有期徒刑 19 年。

遇事要冷静思考，使用暴力不是解决问题的合法途径，不管出于何种原因，法律都不允许以上述方法侵害他人身体健康，否则激情一时，将自毁一生。希望同学们做到学法、守法，为自己的学习和生活服务，更好地增长知识，发展自己，完善人格。

每日一省

第六节　沉迷游戏，毁掉前程

法律再现

《中华人民共和国刑法》

第二百九十三条　【寻衅滋事罪】有下列寻衅滋事行为之一，破坏社会秩序的，处五年以下有期徒刑、拘役或者管制：

（一）随意殴打他人，情节恶劣的；

（二）追逐、拦截、辱骂、恐吓他人，情节恶劣的；

（三）强拿硬要或者任意损毁、占用公私财物，情节严重的；

（四）在公共场所起哄闹事，造成公共场所秩序严重混乱的；

纠集他人多次实施前款行为，严重破坏社会秩序的，处五年以上十年以下有期徒刑，可以并处罚金。

警钟长鸣

沉迷游戏，毁掉前程

刘某年仅 15 周岁，原是某中学的学生，2008 年的某一天，在一次偶然的情况下进网吧玩了一下，觉得挺好玩，以后就经常到网吧玩，之后一直沉迷于进网吧玩游戏。但父母不给钱，怎么办呢？他想到了向同学下手诈钱。一天，他在学校操场玩时，看见同学方某，刘某就走上前要方某给他钱，并威胁方某说，你以前跟别人打过架，被打的人叫我来拿医药费，自己认识许多社会上的人，不给钱就叫人来打死你，方某很怕，将自己身上仅有的 5 元钱给了刘某。以后刘某陆续向方某要了三次，共计 60 余元，最后一次，被告人刘某逼方某拿 50 元，方某不给，刘某便将方某带到一偏僻地方，用玻璃刮方某手掌，用烟头烫方某，并要求方某第二天中午把钱交到自己手中，在这种情况下，方某才将这件事告诉其父亲，方某父亲马上到公安机关报案，并配合公安人员将被告人刘某抓获归案，刘某在接受审判时说道："我以为只是诈点同学的钱好玩，不知道会有这么严重的后果。"刘某后来被判处有期徒刑三年六个月。

一个人走上犯罪道路不是一朝一夕形成的，常言道：千里之堤，溃于蚁穴。如从小养成了各种不良习性的话，以后要改正就很难，平时如果不注重学习科学文化知识，不注重规范自己的言行，不按照各种规章制度做事，最后必将酿成大错。

每日一省

______

______

______

第七节 校园暴力，害人害己

法律再现

《中华人民共和国预防未成年人犯罪法》

第二章 预防犯罪的教育

第十五条 国家、社会、学校和家庭应当对未成年人加强社会主义核心价值观教育，开展预防犯罪教育，增强未成年人的法治观念，使未成年人树立遵纪守法和防范违法犯罪的意识，提高自我管控能力。

第十七条 教育行政部门、学校应当将预防犯罪教育纳入学校教学计划，指导教职员工结合未成年人的特点，采取多种方式对未成年学生进行有针对性的预防犯罪教育。

警钟长鸣

校园暴力，害人害己

2010 年 6 月 26 日，安徽舒城县某中学学生为琐事在教室内斗殴，厮打中 16 岁初三男生蔡某被一名同学用尖刀刺死。目前，涉嫌故意杀人的该校学生韦某已被刑拘。

案发当日上午 9 时左右，舒城县公安局接到报警称，该县某中学有学生因打架被刀刺死。接警后，该局迅速启动命案侦破机制开展工作。

经查，25 日下午 3 时 20 分左右，该校初二 12 班学生倪某在同年级 18 班教室外走廊遇到韦某，倪某让韦某找 18 班同学要手机卡，韦某不干，两人发生争执，倪某遂抓住韦某的衣领，韦某挣脱后返回教室，手拿一文具盒别在身后找倪某，倪某以为韦某身后藏刀吓得逃走。

之后，倪某、韦某二人约定当晚到校外打架。当晚，倪某带人找韦某时遇到同校初三 16 岁男生蔡某骑电动车经过，蔡某问倪某在干什么，倪某讲韦某要砍他，蔡某讲要帮倪某出气。

26 日上午，倪某在网吧上网，在 QQ 里遇到蔡某，两人网上约定在街上一眼镜店门口见面，倪某等了一会没见到蔡某直接回到学校，第二节课下课铃响后，倪某带着一帮人到韦某的教室门口，叫韦某出来，韦某没有出来，两人正在相互挑衅时，蔡某回到了学校，蔡某径直走进教室抓住韦某的衣领，争执中韦某用事先准备的尖刀刺向蔡某的左胸，蔡某随即被送往医院，经抢救无效死亡。

匕首等管制刀具具有很大危险，其对人的生命安全构成重大威胁，中学生严禁携带、持有凶器。使用暴力不是解决问题的合法途径。不管出于什么样的原因，法律都不允许任何一方用违法的方式解决问题，这样只能断送自己的前程。

每日一省

第八节　纸屑引起的犯罪案

法律再现

《中华人民共和国预防未成年人犯罪法》

第三章　对不良行为的干预

第二十八条　本法所称不良行为，是指未成年人实施的不利于其健康成长的下列行为：

（一）吸烟、饮酒；

（二）多次旷课、逃学；

（三）无故夜不归宿、离家出走；

（四）沉迷网络；

（五）与社会上具有不良习性的人交往，组织或者参加实施不良行为的团伙；

（六）进入法律法规规定未成年人不宜进入的场所；

（七）参与赌博、变相赌博，或者参加封建迷信、邪教等活动；

（八）阅览、观看或者收听宣扬淫秽、色情、暴力、恐怖、极端等内容的读物、音像制品或者网络信息等；

（九）其他不利于未成年人身心健康成长的不良行为。

警钟长鸣

纸屑引起的犯罪案

被告人小邓（17 岁）与小张（16 岁）是某市某初中三年级同班同学。2009 年 1 月某日 10 时许，小张与另一名同班同学徐某（16 岁）因争论教室地上的一片纸屑到底是谁丢弃一事发生口角并开始拉扯。小邓进教室时目睹了这一幕，为帮好友小张“出一口气”，小邓顺手将一把水果刀递给小张，小张随即在气急之际，持该水果刀刺向徐某的腹部，徐某当场血流不止。小邓马上与小张等人一同将徐某送至该校医务室救治。经法医鉴定，徐某的损伤程度为重伤，且系九级伤残。

在法院审理期间，经法院主持调解，被告人小邓、小张的法定代理人共赔偿被害人徐某各项经济损失共计人民币十万元。

判处刑罚：被告人小张因犯故意伤害罪，被判处有期徒刑一年，缓刑一年；被告人小邓因犯故意伤害罪，被判处有期徒刑八个月，缓刑一年。

小张与同学徐某因一片纸屑而发生纠纷，实在不值得；小邓盲目“拔刀相助”，更是糊涂。小张、小邓的行为给三个孩子、三个家庭都带来了巨大的伤害，令人惋惜。

同学之间应该宽容大度、团结友爱，有问题应当及时报告老师，才能避免因一时冲动带来的严重后果。

本案中虽然小邓并未直接用刀捅伤徐某，但他主观上有故意伤害徐某的故意，客观上为小张提供了凶器，促成了犯罪结果的发生，与小张成为了故意伤害罪的共犯。

故意伤害罪侵犯的客体是他人的身体健康权，本罪的主体为一般主体。凡达到刑事责任年龄并具备刑事责任能力的自然人均能构成本罪，其中，已满 14 周岁未满 16 周岁的自然人有故意伤害致人重伤或死亡行为的，应当负刑事责任。

每日一省

第九节　一句话引发的命案

法律再现

《中华人民共和国预防未成年人犯罪法》

第四章　对未成年人严重不良行为的矫治

第三十四条　本法所称“严重不良行为”，是指下列严重危害社会，尚不够刑事处罚的违法行为：

（一）纠集他人结伙滋事，扰乱治安；

（二）携带管制刀具，屡教不改；

（三）多次拦截殴打他人或者强行索要他人财物；

（四）传播淫秽的读物或者音像制品等；

（五）进行淫乱或者色情、卖淫活动；

（六）多次偷窃；

（七）参与赌博，屡教不改；

（八）吸食、注射毒品；

（九）其他严重危害社会的行为。

第三十五条　对未成年人实施本法规定的严重不良行为的，应当及时予以制止。

对有本法规定严重不良行为的未成年人，其父母或者其他监护人和学校应当相互配合，采取措施严加管教，也可以送工读学校进行矫治和接受教育。

对未成年人送工读学校进行矫治和接受教育，应当由其父母或者其他监护人，或者原所在学校提出申请，经教育行政部门批准。

警钟长鸣

一句话引发的命案

2010 年 5 月 14 日夜，偃师某高中高三学生江某因一句话说得太冲，被同学赵某捅死。江某与赵某系同班同学，两人平时关系一般，5 月 13 日夜宿舍熄灯后，江某与赵某因言语不和发生口角，江某直接侮辱赵某是“全班傻帽”，引起全宿舍同学哄笑，5 月 14 日夜，两人又因言语不和起了冲突，江某仍嘲笑赵某是“傻帽”，引起赵某强烈愤恨，晚 11 时许，赵某趁江某熟睡之际，用水果刀向江某的脖颈处连捅四刀，造成江某失血过多，抢救无效死亡。

该案件，江某、赵某两人的性格特点，一个是尖酸刻薄，一个是心胸狭窄；面对二人的矛盾如果有人出面制止或调和一下，也许悲剧便不会发生，正是在冷漠的看客心理作用下，江某的侮辱言词得不到任何人的批评和指正，使赵某被孤立、被侮辱、被抛弃的心理一步步得到固化，为挽回自己的尊严，赵某便走向了犯罪的深渊。

每日一省

____

____

____

第十节　洗脚水引发的命案

法律再现

《中华人民共和国预防未成年人犯罪法》

第四章　对严重不良行为的矫治

第四十三条　对有严重不良行为的未成年人，未成年人的父母或者其他监护人、所在学校无力管教或者管教无效的，可以向教育行政部门提出申请，经专门教育指导委员会评估同意后，由教育行政部门决定送入专门学校接受专门教育。

警钟长鸣

洗脚水引发的命案

2009 年 7 月 14 日，云南陆良一高中生因洗脚水引发争端遭同学群殴致死。

7 月 14 日晚 11 时许，陆良联办高级中学（陆良联中）发生一起校园暴力事件。15 岁的高一学生小浩在学校宿舍外倒洗脚水时，不小心将水溅到高二学生梁某身上，两人因此发生口角并厮打起来后被劝开。熄灯后，梁某邀约 9 名学生，在楼道走廊内对小浩拳脚相加，导致小浩颅脑受损严重，经医院抢救无效于 16 日晚上 8 时不幸身亡。9 名打人学生全被陆良警方刑事拘留，等待他们的将是牢狱之灾。

该案的起因是小浩泼洗脚水与同学引发争执，本来只要小浩先诚恳地向梁某道歉，梁某肯定能够谅解小浩的过错行为；梁某如果认识到这只是小浩的无心之举，梁某就应该一笑置之，但是就因为双方互不相让，才引发了口角，继而相互撕扯，被劝开后，事情本来已经平息，但是正是梁某的法律意识淡薄，纠集人员又对小浩实施了聚众殴打行为，所有参与人员也没有一人认识到他们的行为会引发大的恶果，才发生了悲剧。

引发中学生纠纷的原因主要有以下五点：①个别同学缺乏良好地家庭教育，造成性格偏差，极易引发冲突。现在青少年都是独生子女，不少人从小娇生惯养、自私任性，遇事总以自我为中心，很少能宽容别人的过失。②不良的社会环境诱导，极易使青少年产生盲从行为。由于网络、电视等传播媒介的不良暗示，使青少年很容易产生追随心理，并以此心理为主导，发生模仿行为。③法制教育的相对滞后，造成中学生普遍法律意识淡薄。④社会、学校、教师的宽容心理，助长了中学生不良行为的蔓延。⑤社会、学校、同学的冷漠心理，使中学生遇到问题时，无所适从。社会上“事不关己高高挂起”和“多一事不如少一事”的冷漠心理蔓延到学校，影响了中学生之间关系的处理。

每日一省

第十一节　携带刀具，伤人获刑

法律再现

《中华人民共和国治安管理处罚法》

第三十二条　非法携带枪支、弹药或者弩、匕首等国家规定的管制器具的，处五日以下拘留，可以并处五百元以下罚款；情节较轻的，处警告或者二百元以下罚款。

非法携带枪支、弹药或者弩、匕首等国家规定的管制器具进入公共场所或者公共交通工具的，处五日以上十日以下拘留，可以并处五百元以下罚款。

警钟长鸣

携带刀具，伤人获刑

学生陈某，出于好奇，在地摊上买了一把弹簧刀。一天，他与同学小于一起去学校，途中二人因口角而扭打，身单力薄的陈某争不过身高马大的小于，情急之下，抽出弹簧刀向小于扎去。小于顿时血流如注，躺倒在地。陈某被依法追究刑事责任，被送入少年犯管教所服刑。

有的学生也许会说，现在出门带把刀，只是为了防身，难道这也犯法吗？实际上，不少未成年人随身携带刀具可能是出于防卫的需要，认为身上有武器就显得有身份，没有人敢欺负自己。其实这种想法是不正确的，因为他不能保证不使用这把刀，更不能保证他的刀不被别人甚至坏人抢走，成为伤人的凶器。

所以根据公安部门对部分刀具实行管制的暂行规定，不仅仅是未成年人，即便是成年人随身携带属于管制范围的刀具，也同样是不合法的。

每日一省

____

____

____

第十二节　模仿大侠，险些丧命

法律再现

《中华人民共和国治安管理处罚法》

第三十二条

非法携带枪支、弹药或者弩、匕首等国家规定的管制器具的，处五日以下拘留，可以并处五百元以下罚款；情节较轻的，处警告或者二百元以下罚款。

非法携带枪支、弹药或者弩、匕首等国家规定的管制器具进入公共场所或者公共交通工具的，处五日以上十日以下拘留，可以并处五百元以下罚款。

警钟长鸣

模仿大侠，险些丧命

前不久，学生王某与谢某早上在校门口发生口角，一名学生劝架，值周教师竟在王某身上发现了一把管制刀具。学校对学生来了个突击检查。结果发现，有一些男学生在书桌里私藏匕首、三棱刀等管制刀具。学生为什么要私藏刀具？在老师的追问下，王某道出了个中原因：“武打片里的大侠，都是拿着光闪闪的刀，我找不到那么长的刀，就把爸爸的三棱刀拿来了，因为我和同学们约好了，要学大侠的样子过过招。”另一名男生的回答，更让老师哭笑不得：“我看到电视里用刀捅人的镜头，就问妈妈是怎么拍的，妈妈说那是假的，刀是带弹簧的，我觉得挺有意思。正好舅舅那里有把弹簧刀，我就拿到学校来，想给同学们表演自杀。”由于王某尚未成年，情节较轻的，被处警告和二百元罚款。

青少年思想比较简单，遇事容易冲动、偏激。在校内外同学之间发生一些摩擦或矛盾都是难免的，一旦不能控制自己，就会酿成无法预计的后果，既害了别人，也害了自己和家人。这样的例子比比皆是。

每日一省

第十三节　生活中的带刀事件

法律再现

《中小学幼儿园安全管理办法》（教育部、公安部等十部委令第23号）

第十七条

学校应当健全门卫制度，建立校外人员入校的登记或者验证制度，禁止无关人员和校外机动车入内，禁止将非教学用易燃易爆物品、有毒物品、动物和管制器具等危险物品带入校园。

警钟长鸣

生活中的带刀事件

2015年8月19日晚，35岁的董先生驾车从海淀家中去东城区妻子的单位，夜巡民警在车内储物盒中发现一把长150毫米的刀，将其认定为管制刀具，遂对董先生作出拘留5天的处罚。但董先生称，他只是“在搬家”，这是一把切西瓜的用刀，并不知是“管制刀具”。他认为处罚过重，于是起诉要求东城公安分局撤销处罚。

官方解释：刀长150毫米应认定为管制刀具

在10月30日庭审中，法官问：“如公民在不知情的情况下误带呢?”警方代理人答：“法律没有对减轻处罚作出特殊规定。法不容情。董先生所说搬家和妻子怀孕等情况，并不能构成他携带管制刀具的合法理由。”

记者查阅了相关规定，依照公安部制定的《管制刀具认定标准》，刀尖角度小于60度、刀身长度超过150毫米的各类单刃、双刃和多刃刀具以及刀尖角度大于60度，刀身长度超过220毫米的各类单刃、双刃和多刃刀具，都可以认定为管制刀具。

记者调查：超市不少厨刀都超管制标准

记者在市场上调查发现，不少刀具包装上印有“执行标准”，可刀身长度是多少，却都没有标注。记者自带了一把尺子来到一家超市，不少刀具都超过了管制标准。

警方告知：发现“携带”超标刀具就处罚，超标厨用刀也须上缴

超过标准的刀具“就是管制刀具”，有人“携带”管制刀具，警方就将依法对其进行处理，无论此人身上有无当日购买该刀具的发票。不能说有人持管制刀具去作案，只要带着发票就行了。家里有管制刀具，就应该上缴。有人甚至以刀具是家传或文物为由不上缴，但法律并不认可。一旦被发现有管制刀具，就要被收缴，发现“携带”的将依法处罚。

每日一省

第十四节　携水果刀被依法行拘

法律再现

《中华人民共和国预防未成年人犯罪法》

第三章　对不良行为的干预

第二十八条　本法所称不良行为，是指未成年人实施的不利于其健康成长的下列行为：

（一）吸烟、饮酒；

（二）多次旷课、逃学；

（三）无故夜不归宿、离家出走；

（四）沉迷网络；

（五）与社会上具有不良习性的人交往，组织或者参加实施不良行为的团伙；

（六）进入法律法规规定未成年人不宜进入的场所；

（七）参与赌博、变相赌博，或者参加封建迷信、邪教等活动；

（八）阅览、观看或者收听宣扬淫秽、色情、暴力、恐怖、极端等内容的读物、音像制品或者网络信息等；

（九）其他不利于未成年人身心健康成长的不良行为。

警钟长鸣

携水果刀被依法行拘

2014 年 1 月 28 日下午 2 点左右，河南吴伟春和同事乘公交车在郑州万客来公交站下车后，被自称派出所的便衣人员拦住，对方出示证件以“配合工作”为由将他带到郑州市公安局二七第二分局，同时拿走了他的身份证和挂在裤腰的钥匙串。

吴伟春说，到了分局后，民警称他钥匙链上的折叠水果刀是管制刀具，经过采血样、取指纹、拍照等程序后被送进禁闭室，并于当晚 7 点半左右被送进二七拘留所，3 天后的 1 月 30 日上午 9 时左右获释。

吴伟春因所携带的折叠刀具经鉴定属于管制刀具，依《中华人民共和国治安管理处罚法》第三十二条决定对其行政拘留三日。

按照《中华人民共和国治安管理处罚法》第三十二条，“非法携带枪支、弹药或者弩、匕首等国家规定的管制器具的，处五日以下拘留，可以并处五百元以下罚款；情节较轻的，处警告或者二百元以下罚款。非法携带枪支、弹药或者弩、匕首等国家规定的管制器具进入公共场所或者公共交通工具的，处五日以上十日以下拘留，可以并处五百元以下罚款”。

每日一省

第十五节　携管制刀具禁乘公共交通

法律再现

《企事业单位内部治安保卫条例》（国务院令第421号）

第十一条　单位内部治安保卫机构、治安保卫人员应当履行下列职责：

（一）开展治安防范宣传教育，并落实本单位的内部治安保卫制度和治安防范措施；

（二）根据需要，检查进入本单位人员的证件，登记出入的物品和车辆；

（三）在单位范围内进行治安防范巡逻和检查，建立巡逻、检查和治安隐患整改纪录；

（四）维护单位内部的治安秩序，制止发生在本单位的违法行为，对难以制止的违法行为以及发生的治安案件、涉嫌刑事犯罪案件应当立即报警，并采取措施保护现场，配合公安机关的侦查、处置工作；

（五）督促落实单位内部治安防范设施的建设和维护。

警钟长鸣

携管制刀具禁乘公共交通

2015年5月12日上午，记者在丰台区首地大峡谷三层某知名品牌刀具专柜看到，这里销售的刀具长度大都在10厘米左右，一些刀刃长度较短，与吴伟春的水果刀相仿。

该专柜张贴启事称，根据北京市商务委发布的《北京市公安局关于进一步加强管制刀具管理工作的通知》，顾客选择刀具时，要凭身份证进行实名制登记，购买后凭当日收据或发票携带回家，构成管制刀具的要填写《刀具购销情况登记表》，离店后选择安全的方式回家，途中严禁乘坐公交车和地铁。

同时根据“三禁两报告制度”规定，管制刀具对行为异常、精神异常和未成年人实行禁售，前两者购买刀具，还要及时向当地派出所或拨打110报告。在日常乘车中，所有带刀具的人，一律不允许上车，并且刀具将被收缴，情节严重的，将被处以拘留。

每日一省

第十六节　小王带刀被依法行拘

法律再现

公安部《对部分刀具进行管制的暂行规定》

第二条　匕首、三棱刀（包括机械加工用的三棱刮刀）、带有自锁装置的弹簧刀（跳刀）以及其他相类似的单刀、双刀、三棱刮刀都属于管制刀具范围。

管制刀具属于凶器，若不加以禁止，会给社会安宁造成危害。从个人角度说，携带刀具后，若与人发生争吵甚至打斗，携带刀具的人很可能会不顾后果拔刀相向，进而构成严重伤害，这样的事例并不少见。因此，我国法律规定任何人不得非法携带管制刀具。

警钟长鸣

小王带刀被依法行拘

小王是来京务工人员，为了防身，他在地摊上买了一把单刃匕首。2010 年 8 月，小王在携带匕首乘坐地铁时，被地铁安检人员发现，并交由公安机关处理，小王解释说匕首是用来防身的，并没想用来害人，自己也不知道地铁里不能携带匕首，而且他以为匕首不属于管制刀具，小王被处以治安拘留 5 日的处罚。

依据《中华人民共和国治安管理处罚法》第三十二条的规定，非法携带枪支、弹药或者弩、匕首等国家规定的管制器具的，处五日以下拘留，可以并处五百元以下罚款；情节较轻的，处警告或者二百元以下罚款。非法携带枪支、弹药或者弩、匕首等国家规定的管制器具进入公共场所或者公共交通工具的，处五日以上十日以下拘留，可以并处五百元以下罚款。因此，本案中公安机关最终对小王处以治安拘留五日的处罚。

每日一省

____

____

____

第十七节　携带刀具被依法行拘

法律再现

非法携带管制刀具的处罚

《中华人民共和国刑法》

第一百三十条　非法携带枪支、弹药、管制刀具或者爆炸性、易燃性、放射性、毒害性、腐蚀性物品，进入公共场所或者公共交通工具，危及公共安全，情节严重的，处三年以下有期徒刑、拘役或者管制。

第二百九十七条　违反法律规定，携带武器、管制刀具或者爆炸物参加集会、游行、示威的，处三年以下有期徒刑、拘役、管制或者剥夺政治权利。

《中华人民共和国治安管理处罚法》

第三十二条　非法携带枪支、弹药或者弩、匕首等国家规定的管制器具的，处五日以下拘留，可以并处五百元以下罚款；情节较轻的，处警告或者二百元以下罚款。

非法携带枪支、弹药或者弩、匕首等国家规定的管制器具进入公共场所或者公共交通工具的，处五日以上十日以下拘留，可以并处五百元以下罚款。

警钟长鸣

携带刀具被依法行拘

近日，莒南县公安局文疃派出所查处一起非法携带管制刀具案，抓获违法人员孟某某。

经调查，因孟某某涉嫌诈骗，文疃派出所民警在依法对孟某某口头传唤时，经检查发现其随身携带的包内带有一把折叠刀具，该刀刀身弹出后，可被卡锁固定自锁，系管制刀具。

目前，孟某某已被莒南县公安局行政拘留，并收缴其携带的管制刀具。

每日一省

____

____

____

第十八节　携带刀具被拘留十天

法律再现

非法携带管制刀具罪：必须满足行为人非法携带上述物品、携带上述物品进入公共场所或者进入公共交通工具。

非法携带枪支、弹药、管制刀具、危险物品危及公共安全罪：行为人违反国家关于枪支、弹药、管制刀具、危险物品进入公共场所、公共交通工具，侵害不特定人人身安全的危害公共安全的行为。

本罪与非罪的界限

认定本罪，应注意两方面的问题，一是看行为人是否出于故意，如果行为人为他人利用，确实不知情而非法携带的，就不应构成犯罪。二是应当对行为人非法携带上列物品的数量、危害大小等情节进行综合分析。如果行为人非法携带上述物品数量很小，行为人进入公共场所或者公共交通工具，能马上、主动交出的，也可不予追究处罚。

警钟长鸣

携带刀具被拘留十天

南国早报灵川讯（记者：邓振福）2015 年 11 月 30 日晚上，男子唐某和蒋某因债务问题聚集在灵川县八里街发生纠纷，灵川县公安局八里街执勤室民警接警赶到现场，从一辆车上搜出两袋砍刀。但民警没有查获携带刀具的人员。唐某随民警来到八里街执勤室，涉嫌带刀的人员也来到了执勤室。12 月 1 日，唐某被拖出执勤室。12 月 5 日，带刀的男子蒋 × 因非法携带管制刀具，被灵川警方行政拘留 10 天。

事发后，灵川县公安局八里街执勤室就 11 月 30 日查获刀具一事进行调查，经仔细清点为 9 把刀具，经送鉴定为管制刀具。追债的蒋某称，11 月 30 日，他找到唐某追债，唐某先前答应还，但后来又改口不还了，约好一起在八里街解决，唐某也叫了人过来。当时，他的朋友蒋 × 闻讯，怕他被打就开车过来帮忙，他不知道车上带有刀，后来刀被民警查获。

灵川县公安局八里街执勤室主任唐祯波介绍，事发后，对当晚出警的民警处置不当一事进行了批评教育，并追查刀具的来源，做蒋 × 的思想工作，叫他过来自首。12 月 5 日下午，蒋 × 前来自首，因非法携带管制刀具，被警方处以行政拘留 10 天。

每日一省

第十九节　带刀进教室被拘留

法律再现

什么是非法携带管制刀具行为?

所谓携带，是指随身佩带、夹带或手中握持。所谓非法，是指违反有关法律规定而携带，即依法不能携带上述物品进入公共场所或公共交通工具而仍决意携带。

非法携带枪支、弹药、管制刀具、危险物品危及公共安全罪，是指非法携带枪支、弹药、管制刀具或者爆炸性、易燃性、放射性、毒害性、腐蚀性物品，进入公共场所或者公共交通工具，危害公共安全的行为。

警钟长鸣

带刀进教室被拘留

2014 年 9 月 11 日，湖北丹江口市公安局均县派出所民警快速出警，将非法携带管制刀具进入学校教室的违法嫌疑人吕某抓获，查处一起非法携带管制刀具案件。

当日 17 时 40 分左右，19 岁的均县镇人吕某以找妹妹为由进入均县镇中学校园，闲逛一阵后进入初三某班教室，引起学生的好奇。吕某见很多学生在看自己，为了显示威风，便抽出随身携带的一把 20 多公分长的刀具玩耍起来。学生们见状很害怕，赶紧报告了老师。接到学校报警后，民警迅速将吕某抓获，并报经市局批准，依法给予其行政拘留 5 日的处罚。

非法携带枪支、弹药、管制刀具或者爆炸性、易燃性、放射性、毒害性、腐蚀性物品，进入公共场所或者公共交通工具，是危害公共安全的行为。吕某带刀到教室，是违法行为。

每日一省

第二十节　男子带刀出行被拘

法律再现

学生携带管制刀具的危害性

一是由于玩耍而伤及自己或他人，严重的像本案的陈某一样，构成犯罪。

二是学生携带管制刀具，容易被不法分子利用，成为犯罪工具，危害公共安全。

三是由于携带管制刀具，助长了学生逞强好胜的心理，一旦与同学发生冲突，随身携带的管制刀具很可能成为实施犯罪的工具。因此，制止学生携带管制刀具，是预防未成年人犯罪的需要。

管制刀具认定标准

公安部制定的《管制刀具认定标准》规定，凡符合下列标准之一的，可以认定为管制刀具：

匕首：带有刀柄、刀格和血槽，刀尖角小于60度的单刃、双刃或多刃尖刀。

三棱刮刀：具有三个刀刃的机械加工用刀具。

带有自锁装置的弹簧刀（跳刀）：刀身展开或弹出后，可被刀柄内的弹簧或卡锁固定自锁的折叠刀具。

其他相类似的单刃、双刃、三棱尖刀：刀尖角度小于60度，刀身长度超过150毫米的各类单刃、双刃和多刃刀具。

其他刀尖角度大于60度，刀身长度超过220毫米的各类单刃、双刃和多刃刀具。

警钟长鸣

男子带刀出行被拘

黄岩一男子因随身携带管制刀具出行，被巡逻民警当场抓获，并且被黄岩公安分局处以行政拘留。这名男子叫王某，44岁，是黄岩区头陀镇人。一向习惯晚睡的王某，总喜欢深夜在街头闲逛。考虑到夜里不安全，担心出门会“摊上事儿”，他还特地备了一把弹簧刀随身携带。

当天凌晨，王某来到黄岩区西城街道西客站旁“溜达”。步行至西客站南面路段时，遇到了迎面走来的巡逻民警。一个男子，凌晨2点，孤身在街头，民警觉得略有可疑，于是上前进行盘问，并对其进行例行检查，没想到居然在其裤袋里发现了一把长约17厘米的银色弹簧刀。

被民警带回派出所的王某觉得一头雾水。自己这把刀是防身用的，因为觉得刀样式不错，平时经常带在身边。他不以为然地表示：“我带刀只是为了防身，难道这也违法？”

民警说，随身携带刀具出门还真是违法的事。

每日一省

第二十一节 沉迷赌博，损人害己

法律再现

《中华人民共和国刑法》

第三百零三条 以营利为目的，聚众赌博或者以赌博为业的，处三年以下有期徒刑、拘役或者管制，并处罚金。开设赌场的，处三年以下有期徒刑，拘役或者管制，并处罚金，情节严重的，处三年以上十年以下有期徒刑，并处罚金。

什么是赌博呢？赌博是指以营利为目的，聚众赌博、开设赌场或者以赌博为业的不良行为。

警钟长鸣

沉迷赌博，损人害己

黄某沉迷赌博，导致妻子离家出走并执意要求离婚，丧尽天良的黄某竟于近日将岳父家的3人杀害，而后畏罪自杀。36岁的黄某，不务正业、脾气暴躁，沉迷赌博不能自拔，且经常殴打其妻韦某。为此，韦某曾经多次劝阻黄某戒赌，但是每次一提都被黄某拳打脚踢，实在忍无可忍的韦某提出与他离婚，但黄某却以"离婚就杀你全家"相威胁。迫于无奈，韦某只好委曲维持婚姻。2009年以来，黄某输掉了家中的3万元积蓄后，竟又贷款赌博。韦某苦劝无果，对黄某彻底绝望。2011年5月5日，韦某离家出走，5月10日下午从外地打电话告诉黄某，表示离婚之意已决。听到韦某如此绝情，黄某遂萌发了杀人报复的念头。5月11日早晨7时许，又赌输5000元的黄某满腔怒火，加上喝了点酒，恰巧接到韦某约他去签离婚协议的电话，黄某气冲冲地带水果刀赶到岳父家，将岳父、岳母及妻弟媳残忍地杀害。随后，黄某畏罪剖腹自杀断命。

历史告诉我们："天下之倾家者，莫过于赌；天下之倾德者，莫过于赌。"沉迷赌博的结果是损人害己，败德倾家，甚至败国，整治赌博的不正之风，要长抓长治，采取有力措施加以遏制。

每日一省

第二十二节　利用猜谜进行赌博

法律再现

《中华人民共和国治安管理处罚法》

第七十条　以营利为目的，为赌博提供条件的，或者参与赌博赌资较大的，处五日以下拘留或者五百元以下罚款；情节严重的，处十日以上十五日以下拘留，并处五百元以上三千元以下罚款。

公安部《公安机关执行中华人民共和国治安管理处罚法有关问题的解释》

第七条　以营利为目的，为赌博提供条件的，或者参与赌博赌资较大的，屡教不改的，可以按照国家规定采取强制性教育措施。

这里的“强制性教育措施”目前是指劳动教养；“按照国家规定”是指按照《中华人民共和国治安管理处罚法》和其他有关劳动教养的法律、行政法规的规定；“屡教不改”是指有上述行为被依法判处刑罚执行期满后五年内又实施前述行为之一，或者被依法予以罚款、行政拘留、收容教育、劳动教养执行期满后三年内实施前述行为之一，情节较重，但尚不够刑事处罚的情形。

警钟长鸣

利用猜谜进行赌博

2015 年 7 月 15 日，河南省上蔡县公安局治安大队通过前期摸排调查，在该县大路李乡孟尧村一小树林内查处一起利用猜谜进行赌博案件，抓获一名违法嫌疑人。

猜谜赌博为近年来发现的一种新型开设赌场聚众赌博方式。每场组织者即庄家会罗列出 36 种动物名字，买家则根据庄家提供的打油诗进行下注，一般每注 2 元，多者不限。猜中后即可获得所下注金额 20 倍的奖金，所谓的猜谜只是掩饰赌博的一种幌子。

上蔡县公安局根据《中华人民共和国治安管理处罚法》第七十条之规定，对王某某予以行政拘留 15 日，并处罚款 1900 元。

每日一省

______

______

______

第二十三节　斗狗赌博被依法刑拘

法律再现

《中华人民共和国治安管理处罚法》

第七十四条　旅馆业、饮食服务业、文化娱乐业、出租汽车业等单位的人员，在公安机关查处吸毒、赌博、卖淫、嫖娼活动时，为违法犯罪行为人通风报信的，处十日以上十五日以下拘留。

公安部《关于办理赌博违法案件适用法律若干问题的通知》

第三条　赌博或者为赌博提供条件，并具有下列情形之一的，依照《中华人民共和国治安管理处罚条例》第三十二条的规定，可以从重处罚：

（一）在工作场所、公共场所或者公共交通工具上赌博的；

（二）一年内曾因赌博或者为赌博提供条件受过治安处罚的；

（三）国家工作人员赌博或者为赌博提供条件的；

（四）引诱、教唆未成年人赌博的；

（五）组织、招引中华人民共和国公民赴境外赌博的；

（六）其他可以依法从重处罚的情形。

近年来，各类赌博违法犯罪活动在我国呈蔓延之势，赌博花样不断翻新，参赌人数不断增多，涉案金额越来越大，赌博已经成为社会一大公害。虽然公安机关同各有关部门密切配合，从未间断过禁赌工作，也取得一定成效，但禁赌工作面临的形势依然相当严峻。

警钟长鸣

斗狗赌博被依法刑拘

2013 年 12 月 28 日，陕西西安市灵沼街办下南丰村村民乔群群，伙同上南丰村民卓航普在恒丰养殖场内搭建了一个可容纳 300 人左右的斗狗场。自 2014 年 2 月 5 日至 2 月 7 日，以卓航普为首的赌博团伙共组织了 7 场斗狗赌博活动，参赌人员为该团伙召集的全国各地的斗狗爱好者，观看斗狗的斗狗爱好者在斗狗结束后，双方按照之前的约定赌局进行赔付，赌金为 500 元起步，一般为 1000—3000 元。该团伙组织结构严密，人员分工明确，乔群群不参加日常经营，卓航普为团伙负责人，张波负责售票及财务管理，梁陕利负责喂养斗狗，乔斌和袁迎国负责斗狗现场的秩序维护。

2014 年 2 月 8 日晚，长安分局组织警力对这一斗狗赌博场所进行了查处，现场抓获了犯罪嫌疑人卓航普、张波、梁陕利、乔斌、袁迎国等人，同时办案民警还连夜拆除了该斗狗赌博场所，并对恒丰养殖场进行了查封。卓航普、张波、梁陕利、乔斌、袁迎国等 5 名犯罪嫌疑人已被刑事拘留。

每日一省

第二十四节　赌博是违法的诱因

法律再现

《中华人民共和国预防未成年人犯罪法》

第三章　对不良行为的干预

第二十九条　未成年人的父母或者其他监护人发现未成年人有不良行为的，应当及时制止并加强管教。

警钟长鸣

赌博是违法的诱因

17 岁的学生赵佳在假期结识了一些社会上的不良分子，并在他们的诱惑下多次参与赌博，还欠下 500 多元赌债。为了偿还赌债，赵佳多次手持三棱刮刀，强行劫取 9 名小学生的财物，得赃款人民币 400 余元。人民法院认定赵佳犯了抢劫罪，依法判处有期徒刑。

无论是在农村还是在城市，赌博像一阵飓风把数以万计的青少年卷了进去。青少年赌博与成人不一样，他们不计场所，三三两两找一个背人的地方就可以赌起来，至于赌博的手段，除了麻将、扑克、骰子、牌九等外，还有玩烟牌、弹奇多圈、博金卡、博眼子等。尤其是在学校，赌博一般是在课间休息、中午休息、自习课等时间发生，还有些学生甚至在课堂上用隐蔽的方式进行，如递条子、打手势等。未成年人由于争强好胜的心理比较强烈，在许多事情上喜欢占上风；又由于社会经验少，情绪容易冲动，所以往往容易受到隐忧和怂恿而参加赌博，一旦学会方法尝到刺激就可能形成赌瘾，成为参加赌博活动的常客。

中学生赌博是百害而无一利的。一方面大量占用学习和休息时间，影响学习成绩和身体健康。另一方面也让未成年人产生贪欲。同时，赌博上瘾，一旦形成习惯就难以改正，所以赌博是少年违法犯罪的一个重要诱发因素。

每日一省

第二十五节　迷茫少年自尝苦果

法律再现

《中华人民共和国预防未成年人犯罪法》

第六章　法律责任

第六十四条　有关社会组织、机构及其工作人员虐待、歧视接受社会观护的未成年人，或者出具虚假社会调查、心理测评报告的，由民政、司法行政等部门对直接负责的主管人员或者其他直接责任人员依法给予处分，构成违反治安管理行为的，由公安机关予以治安管理处罚。

第六十五条　教唆、胁迫、引诱未成年人实施不良行为或者严重不良行为，构成违反治安管理行为的，由公安机关依法予以治安管理处罚。

警钟长鸣

迷茫少年自尝苦果

小牟是四川珙县上罗镇人，现年 16 岁，从小父母就外出务工，由于缺少管教，错交“损友”，早早地便学会了抽烟、喝酒等毛病。2013 年，小牟又染上了“赌瘾”，整日沉迷其中无法自拔，邪恶之念悄然萌发。

于是他于 9 月 14 日晚在珙县巡场镇茨梨村五组、16 日傍晚在珙县巡场镇四季苑小区相继模仿电影、电视剧抢劫情形，尾随独行女性实施持刀抢劫案件 3 起，涉案总价值 3000 余元，抢得钱财均花费在赌博上。目前，小牟已被依法提起公诉，等待他的将是法律的严惩。

预防和矫治未成年人不良行为，要从源头抓起，要实行家庭、学校、社会的综合治理。青少年一定要学法、知法、守法，只有认识到不良行为与违法犯罪之间并没有不可逾越的鸿沟，仅仅是一步之遥，如果任不良行为发展，必然会走上违法犯罪道路。

中学生要做到自觉遵守校纪校规，养成遵纪守法的良好习惯，积极与赌博行为作斗争；要防微杜渐，分清娱乐和赌博的界限；要从关心同学出发，制止他人参与赌博，必要时向老师或学校有关部门报告。

每日一省

第二十六节　因赌欠债，萌生歹念

法律再现

《中华人民共和国预防未成年人犯罪法》

第四章　对严重不良行为的矫治

第三十八条　本法所称严重不良行为，是指未成年人实施的有刑法规定、因不满法定刑事责任年龄不予刑事处罚的行为，以及严重危害社会的下列行为：

（一）结伙斗殴，追逐、拦截他人，强拿硬要或者任意损毁、占用公私财物等寻衅滋事行为；

（二）非法携带枪支、弹药或者弩、匕首等国家规定的管制器具；

（三）殴打、辱骂、恐吓，或者故意伤害他人身体；

（四）盗窃、哄抢、抢夺或者故意损毁公私财物；

（五）传播淫秽的读物、音像制品或者信息等；

（六）卖淫、嫖娼，或者进行淫秽表演；

（七）吸食、注射毒品，或者向他人提供毒品；

（八）参与赌博赌资较大；

（九）其他严重危害社会的行为。

警钟长鸣

因赌欠债，萌生歹念

年仅 16 岁的吉林人李某出身并不贫穷，反而可以说是家境殷实。然而，由于父母经商无暇顾及儿子，李某从 9 岁起就被送往河南少林某武校学习，度过大部分童年。母亲的去世对他影响很大，也许，这让他染上了赌博的恶习。

2014 年 3 月，他来到上海后一直没正当工作，却花钱如流水，他租住在酒店中，沉迷赌博，欠下了酒店 1500 元，欠下朋友 2000 元。欠债后铤而走险，萌生了抢劫金店的歹念。2014 年 11 月 13 日下午走进他之前曾经光顾过的金店——嘉定区丰庄北路一家金店内，佯装购买，趁营业员不注意抢走两根金项链后逃逸。

抢劫得手后，李某在红松路黄桦路路口，将一根金项链卖给了一家打金店，到手 1.7 万元赃款，并很快用掉了 2000 多元。

一个人在成长过程中，不可能没有缺点、错误，人的成长、成熟也是在不断克服缺点、错误中实现的。这里关键的奥秘是：防微杜渐，正确对待自己的缺点、错误，不让缺点、错误蔓延，形成不良行为、严重的不良行为和违法犯罪。

每日一省

第二十七节 沉迷德州扑克丧命

法律再现

《中华人民共和国预防未成年人犯罪法》

第六章 法律责任

第六十五条 教唆、胁迫、引诱未成年人实施不良行为或者严重不良行为，构成违反治安管理行为的，由公安机关依法予以治安管理处罚。

警钟长鸣

沉迷德州扑克丧命

现实中有许多同学利用寒暑假以及周末与同伴玩扑克、赌博等，事实告诉我们，学生赌博害处多：一是赌博容易使人产生贪欲；二是大量浪费学习和休息的时间，以致严重影响学习；三是毒害学生的心灵，赌博活动容易使人产生尔虞我诈、投机侥幸等不良的心理品质；四是赌博习惯较难改变，长大后可能成为赌棍或职业赌徒，而且经常赌博还会沾上吸烟、饮酒、偷窃、打架等坏习气。

大家听说过“德州扑克”吗？这个网络上风行的游戏正成为一些人新的赌博方式，设赌和不少参与者甚至是拥有硕士学位的高学历人士，2012 年 7 月 7 日下午，警方接到报警，在合肥市寿春路一大厦的会所内有未成年人参与赌博。警方到达现场后，在一包间内找到报警人所称的未成年人王某，经询问得知，他参与的是名为“德州扑克”的赌博方式，仅一晚就输了 9 万元。合肥还有一件凶杀案。一位八年级学生经常赌博，一共欠了 300 元赌债，对初中生来说，根本无力偿还这笔不小的赌债，但债主却接连不断地逼他还债，有一天债主见他不还债，就举刀威胁他，他拔腿就跑。债主见他逃走更是恼羞成怒，追上去抓住他，并一刀刺了下去，把这位初中生杀死了。

同学们，请你们一定不要参与赌博，赌博是会上瘾的，很可能给你们造成极大的危害。

每日一省

第二十八节　因赌欠债，心生歹念

法律再现

《中华人民共和国未成年人保护法》

第二章　家庭保护

第十一条　父母或者其他监护人应当关注未成年人的生理、心理状况和行为习惯，以健康的思想、良好的品行和适当的方法教育和影响未成年人，引导未成年人进行有益身心健康的活动，预防和制止未成年人吸烟、酗酒、流浪、沉迷网络以及赌博、吸毒、卖淫等行为。

家庭是青少年接受教育的第一个场所，随着家庭结构、家庭观念的变化，家庭不再是所有未成年人的避风港，父母也不再是孩子们眼里崇拜的英雄，很多家庭父母为了生计，双双奔波在外，无暇管教子女，出现子女无人管教现象，或者以过于溺爱或过于严厉的态度来管教子女，使子女感觉失去家庭归属感与温馨感，增加其逆反心理，敢于反抗师长及父母，玩世不恭，自我放纵，往往不自觉地就走入歧途。

警钟长鸣

因赌欠债，心生歹念

2011 年秋期，16 岁的上海某中等技校学生黄某，其父母为了生计，双双在外打工，疏于对子女在校学习的监管，于是他便放纵了对自己的约束，与同伴玩扑克、赌博等，不久就欠同学赌债 450 元，加上欠书钱 200 元，对方向黄某下了最后通牒，某日之前必须还清 650 元，否则要打伤他。黄某感到害怕，自己无钱还，也没别的办法，于是他铤而走险，在限期前一天的下午，来到舅妈家中，想用刀威胁舅妈拿出钱来，他用电工刀刺向毫无防备的舅妈，又杀气腾腾用刀刺向年仅 3 岁的表妹，由于他舅妈拼命呼救，黄某仓皇逃走。10 余天后，黄某被警察抓回，成了杀人未遂的凶手。

这一事实告诉我们，赌博不但浪费大量学习和休息的时间，以致严重影响学习，成绩落后，甚至造成留级、退学现象，而且极容易使中学生产生贪欲，久而久之会使他们的人生观、价值观发生扭曲。因此，赌博对中学生是有百害无一利的。

每日一省

____

____

____

第二十九节 游戏过度，当场休克

法律再现

《中华人民共和国未成年人保护法》

第四章 社会保护

第五十一条 任何组织或者个人出版、发布、传播的图书、报刊、电影、广播电视节目、舞台艺术作品、音像制品、电子出版物或者网络信息，包含可能影响未成年人身心健康内容的，应当以显著方式作出提示。

警钟长鸣

游戏过度，当场休克

随着现代高科技的发展，网络游戏机受到广大青少年的喜欢。但是，玩游戏超过限度，达到迷恋程度，影响身体健康、正常学习和品行发展，这就属于玩游戏的不正常状态。

报载香港一名15岁中学生，一向迷恋游戏，1996年暑期沉迷在游戏上，8月19日晚10时，他又在家中与弟弟一起玩最流行的“三国志”第5代电脑游戏。他扮演“刘备”，弟弟扮演“曹操”，两人对仗。这样连续玩了7个小时不肯罢手。到20日近5时，这位男少年因用脑过度而疲惫不堪，当场休克，四肢抽搐。幸好被他母亲及早发觉送医院治疗，没有发生不幸事故。

许多中学生缺乏克制的能力，一玩游戏就长达几个小时。长时间连续玩游戏对青少年的健康是有害的：主要是对眼睛的刺激，易引起近视，同时造成血小板下降，也会造成大脑疲劳，还会影响睡眠。一些调查表明，广大老师和家长的共同看法是，不顾学习和休息，中小学生终日迷恋游戏是不利于他们学习和身心健康的。

青少年迷恋游戏的行为，往往还容易与其他不良行为联系在一起。常常可以看到，一些少年兴高采烈地接过老板的香烟，在烟雾中兴奋地玩着游戏。有不少中学生花钱在外玩游戏，由于缺钱就会去偷，用偷来的钱去玩游戏。有的偷家中父母的钱，有的偷老师或同学的钱，还有的偷别人东西卖钱，都是为了玩游戏。

每日一省

第三十节　不健康影视促使犯罪

法律再现

《中华人民共和国未成年人保护法》

第八章　法律责任

第一百二十一条　违反本法第五十条、第五十一条规定的，由新闻出版、广播电视、电影、网信等部门按照职责分工责令限期改正，给予警告，没收违法所得，可以并处十万元以下罚款；拒不改正或者情节严重的，责令暂停相关业务、停产停业或者吊销营业执照、吊销相关许可证，违法所得一百万元以上的，并处违法所得一倍以上十倍以下的罚款，没有违法所得或者违法所得不足一百万元的，并处十万元以上一百万元以下罚款。

警钟长鸣

不健康影视促使犯罪

北疆县城一个15岁少年王宏春，四年级时他迷上了录像片。朦胧中的孩童幻想着自己成为英雄武士的壮举。香港的黑老大，美国“教父”中黑社会的枪战，影片“赌王”的风采，毒枭贩毒的惊险刺激，这一切一切对王宏春幼小的心灵造成强烈的冲击。2001年的一天早上，王宏春帮家里去卖豆腐，卖了300元钱。路过游戏厅门前，香港“赌王”的风采立刻跳进王宏春的脑海。老虎机，掷色子，大把大把的赌钱那将是何等的刺激！王宏春把持不住自己，闯进了游戏厅，结果把300元钱全部输光。如何向家里人交待？王宏春想不出说服父母的理由。300元对于小本经营的父母是个不小的数字，这要靠劳作许多天才能赚回来。情急之下，他拿出拉豆腐的刀子，架在游戏厅老板娘的脖子上，说：给我点钱！老板娘是个23岁的姑娘，她颤抖着指指抽屉说：你去拿吧。王宏春怕游戏厅老板娘事后报案，动起了杀人灭口的念头。他凶狠地朝老板娘后背捅6刀，抢了300元钱就跑，听到老板娘挣扎时的呼救声，王宏春又返回游戏厅朝老板娘补上5刀，杀死了老板娘。案子告破后，王宏春因犯抢劫杀人罪，被判处无期徒刑。面对被害人惨不忍睹的11刀，父母无论如何也不敢相信自己的儿子竟凶残到如此地步。

青少年社会阅历少，辨别是非能力差，无法用正常的社会标准去衡量好与坏、对与错，而会有一定的盲从性和模仿性。在面对渲染暴力、色情的影视作品、书刊等时，往往缺乏辨别能力，极易受到影响而染上不良习惯。有学者说，优秀的文化激励人们不断自我完善，提高道德修养，而异质文化、越轨文化则腐蚀人们的思想，毒害人们的灵魂，引诱人们违法犯罪。

王宏春的行为明显是受到了影视作品中不良情节的负面影响而引起的激情犯罪。

每日一省

第三十一节　内蒙古“三一九”火灾

法律再现

《消防安全常识二十一条》

第一条　自觉维护公共消防安全，发现火灾迅速拨打 119 电话报警，消防队救火不收费。

警钟长鸣

内蒙古“三一九”火灾

2011 年 3 月 19 日，内蒙古自治区呼和浩特市经济技术开发区金川南区一家生物科技公司的电除雾装置起火。公司员工发现火情后，先组织员工自救，在自救无果后才拨打“119”电话报警。此时大火已经将 3 层楼高的电除雾装置包围，火势呈猛烈燃烧状态。呼和浩特市消防支队出动 5 个消防中队的 17 台消防车、110 名消防救援人员赶赴现场，经过约 3 小时扑救才将大火扑灭。

之所以会出现不报警和报警晚，主要有五个方面原因：一是别的单位或别人的房子失火，认为与己无关，甚至隔岸观火、幸灾乐祸。二是有人以为拨打“119”要收费，顾及眼前利益，以致因小失大。三是不敢报警，害怕报警后，要接受消防部门的处罚。四是存有侥幸心理，以为自己可以扑灭，延误了灭火时机。五是不能及时发现火灾。巡查、值班制度不落实，消防安全意识淡薄。正确报火警方式是：外线电话直拨“119”，内线电话拨外线后再拨“119”。报告火警时，应讲清起火单位或居民、村民户主的名称、地址、起火部位、燃烧物质、有无被困人员、有无爆炸和毒气泄漏、火势情况、报警人的姓名、电话号码等，并说出附近有无明显的标志，然后派人到路口迎候消防车。

每日一省

第三十二节　119 消除火灾隐患

法律再现

《中华人民共和国消防法》

第四十四条　任何人发现火灾都应当立即报警。任何单位、个人都应当无偿为报警提供便利，不得阻拦报警。严禁谎报火警。

警钟长鸣

119 消除火灾隐患

2012 年 7 月 24 日，江苏省无锡市惠山消防大队接到“96119”电话，有群众实名举报称某网吧内存在严重火灾隐患。消防执法人员立即前往进行实地检查，发现该网吧内擅自搭建阁楼；应急照明灯具和疏散指示标志设置不符合规范要求，有明显缺损现象；消防通道和出口被严重遮挡等，这些都构成了严重火灾隐患，此外，很多顾客在网吧内吸烟。消防人员立即责令该网吧停止营业，依据《消防法》进行了临时查封，责令负责人按要求迅速整改，及时避免了酿成火灾事故。随着经济的快速发展，消防安全形势也越来越严峻，消防部门有限的警力难以做到“明察秋毫”。为破解这一难题，近年来，全国各地建立了火灾隐患举报投诉制度，设立了火灾隐患举报中心，开通了“96119”火灾隐患举报热线电话，并由专人负责，24 小时受理群众的举报。建立火灾隐患举报投诉制度的意义在于，可以最大限度地动员广大群众共同参与消防工作，提高群众投诉、举报火灾隐患的积极性，及时消除各类场所存在的火灾隐患。

每日一省

第三十三节　禁止破坏消防设施

法律再现

《中华人民共和国消防法》

第六十条第二项　单位违反本法规定，损坏、挪用或者擅自拆除、停用消防设施、器材的，责令改正，处五千元以上五万元以下罚款；个人有此行为的，处警告或者五百元以下罚款。

警钟长鸣

禁止破坏消防设施

2012 年 8 月 1 日，河南省郑州市街头一个城市室外消防栓被一辆小轿车撞断。霎时，水立刻喷涌而出，水柱高达六米，在长达一个小时的时间内，导致 200 余吨自来水流失，所幸自来水公司及时赶到现场，将周边的管网阀门关闭，并及时将消防栓修缮。

经调查，小轿车司机黄某在让车时，不小心撞坏路边的消防栓。黄某被拘留十五日，并罚款五百元，赔偿消防栓的安装费三百元。

公共消防设施是维护城市公共消防安全稳定，提升城市整体抗御火灾能力的重要保障。消火栓遭到严重破坏，已经严重影响了消防部队执勤灭火，同时也大大降低了城市抗御火灾的能力，提高了城市火灾风险。

每日一省

____

____

____

第三十四节　都是油漆惹的祸

法律再现

《中华人民共和国消防法》

第六十二条第二项　非法携带易燃易爆危险品进入公共场所或者乘坐公共交通工具的，依照《中华人民共和国治安管理处罚法》的规定处罚。

警钟长鸣

都是油漆惹的祸

夹带油漆上车造成272次列车重大火灾事故。2013年1月7日，郭中奇（时年24岁，原为铁路临时工）从聂春华处要来约2.7公斤用松节油调好的油漆，非法夹带乘坐广州开往西安的272次列车，途中油漆外溢起火，造成重大火灾，当场烧死34人，烧伤30人，毁坏客车2辆。起火后，郭既不报告，又不积极灭火，却跳窗逃离现场。被告人郭中奇无视国法，置人民生命财产于不顾，非法携带易燃物品乘车，酿成火灾后，采取放任态度，导致人民生命财产遭到重大损失，危害极大，已构成以携带易燃易爆物品乘车的方法危害公共安全罪。聂春华违反易燃品的管理规定，向郭犯提供油漆，后果特别严重，已构成违反危险品管理规定发生重大事故罪。广州铁路运输中级法院根据两犯的犯罪事实，依法对郭中奇及同案犯聂春华作出判决。判处郭中奇无期徒刑，剥夺政治权利终身。判处同案犯聂春华有期徒刑三年。

每日一省

第三十五节　吸烟酿成火灾大祸

法律再现

《中华人民共和国消防法》

第二十一条　禁止在具有火灾、爆炸危险的场所吸烟、使用明火。因施工等特殊情况需要使用明火作业的，应当按照规定事先办理审批手续，采取相应的消防安全措施；作业人员应当遵守消防安全规定。

进行电焊、气焊等具有火灾危险作业的人员和自动消防系统的操作人员，必须持证上岗，并遵守消防安全操作规程。

警钟长鸣

吸烟酿成火灾大祸

1998 年 9 月 22 日上午 8 点 40 分，陕西省西安工业学院三公寓 612 室的学生孔、马两人。违反公寓安全管理规定，在寝室内违规吸烟，引起火灾，将该寝室学生的部分生活用品、书籍、公用设施烧毁。

事后调查发现，该寝室共住有 7 名男生，其中只有孔某某、马某某两人吸烟，而且事发当日上午，其他 5 人约在 7 点 20 分以前先于孔、马两人离开寝室，当时他俩正在室内吸烟，孔、马两人在 7 点 40 分离开寝室，不久便发生了火灾。经分析，火灾是由未熄灭的烟头引起，与孔、马两人吸烟有关。孔、马两人承认对此次火灾事故负有不可推卸的责任。学校对孔、马两人分别作出了开除学籍、留校察看一年的处分，并要求两人各赔偿经济损失 3500 元。

每日一省

第三十六节　崇文烟花引发火灾

法律再现

《中华人民共和国治安管理处罚法》

第二十四条第二项　违反规定，在场内燃放烟花爆竹或者其他物品的；扰乱文化、体育等大型群众性活动秩序的，处警告或者 200 元以下罚款；情节严重的，处 5 日以上 10 日以下拘留，可以并处 500 元以下罚款。

警钟长鸣

崇文烟花引发火灾

2014 年 1 月 30 日 20 时 59 分，珠海香洲区南溪村崇文小学附近草地着火，过火面积约 500 多平方米，现场火势较大，附近还有一些废旧的汽车和存放着废油的油桶，情况十分危急，当地消防指挥部调动 12 台消防车，48 名官兵赶赴现场扑火。火势于 22 时 14 分许被扑灭，相关危险物品被隔离，火灾未造成人员伤亡。

经消防部门调查核实，着火现场为某废品物质回收站，回收站老板的儿子邓某（20 岁，广东吴川人）在收购站内燃放烟花引起塑料、纸皮等物品起火。目前邓某因涉嫌过失引起火灾，被给予拘留 10 天的处罚。

每日一省

第三十七节　野炊烧烤引发山火

法律再现

《森林防火条例》

第五十条　违反本条例规定，森林防火期内未经批准擅自在森林防火区内野外用火的，由县级以上地方人民政府林业主管部门责令停止违法行为，给予警告，对个人并处200元以上3000元以下罚款，对单位并处1万元以上5万元以下罚款。

警钟长鸣

野炊烧烤引发山火

2015年4月11日上午，博山禹王山南部山林突发山火，在附近村民和消防部门的奋力扑救下，大火持续5个小时后被扑灭。这场山火是因3名四川籍男子用火熏烤野兔引发的。4月11日下午火灾发生后，相关工作人员在第一时间锁定了火灾肇事者，并现场将肇事者抓获。经调查，3名肇事者杨某、郑某、杨某系四川籍，三人当时在禹王山上游玩，点火熏烤野兔过程中引发了火灾。火灾原因已查明，接下来公安机关将按照相关程序依法追究3人的责任。淄博市森林公安局工作人员介绍，五一前后是市民外出踏青、赏花旅游的好时节，这也给森林防火带来很大压力。不少人在登山时，存在一些不文明的行为，比如随意丢弃烟头、点火烧烤等，极易带来火灾隐患。为此，工作人员提醒广大市民，要自觉遵守森林高火险期有关规定，不携带火种和易燃易爆物品进入林区，不在林区吸烟、烧烤、野炊，违规野外用火。

每日一省

第三十八节　黄河大堤发生火灾

法律再现

《中华人民共和国消防法》

第六十四条第二项　过失引起火灾的；尚不构成犯罪的，处十日以上十五日以下拘留，可以并处五百元以下罚款；情节较轻的，处警告或者五百元以下罚款。

警钟长鸣

黄河大堤发生火灾

2008 年 11 月 30 日，鹿某一家到黄河大堤南裹头以东一沙坑内野炊，鹿某为了转移小外孙对正在燃烧的酒精炉的注意力，将附近的荒草点燃。当天风大，杂草被点燃后火势无法控制，鹿某便带领家人驾车离开火场。事后火势迅速扩大，黄河湿地大面积遭到破坏，并致使李某家电缆线被烧毁。经鉴定：郑州市惠济区黄河大堤中滩火灾过火面积为 62.6647 公顷。河南省郑州市惠济区人民法院认为，鹿某在荒草被点燃后，没有积极采取措施扑灭火苗，反而为了逃避责任，带领家人驾车逃跑，导致火势不断扩大，致使国家的森林资源和生态环境遭受重大损失。其行为构成失火罪。我国法律规定，过失引起火灾，危害公共安全使公私财物遭受重大损失处三年以上七年以下有期徒刑。案发后，鹿某主动赔偿李某家被烧毁的电缆损失费 13000 元；鹿某属于过失犯罪。2010 年 1 月 5 日，河南省郑州市惠济区人民法院以鹿某犯失火罪，判处其有期徒刑三年，缓刑五年。

每日一省

第三十九节　上坟焚烧引发火灾

法律再现

《中华人民共和国消防法》

第六十三条第二项　违反规定使用明火作业或者在具有火灾、爆炸危险的场所吸烟、使用明火的，处警告或者五百元以下罚款；情节严重的，处五日以下拘留。

警钟长鸣

上坟焚烧引发火灾

2012 年 7 月 19 日，正值阴历六月初一，是夏津县一带老百姓按习俗上坟的日子。该县农民张新城到农田里给自家祖坟和奶奶坟上焚烧完冥纸，就离开了。不料当天下午 2 时许，有村民发现坟地附近的大片玉米苗燃烧起火，当民警和火警赶到现场时，大火已经被村民们扑灭。

经现场勘察发现，此场火灾烧毁玉米苗十几亩，涉及农户多家。其中，沿着烧成灰的麦茬痕迹发现，与燃烧过的玉米田相连的一处上坟点正是张新城上坟处，而同村村民汪强军遭遇火灾的 4 亩玉米地也正好位于该火源点的西北侧即下风向，因当天是东南风，风速为 1.4 ~ 2 米/秒。火灾发生当天，警方曾到张新城家询问，并将其带到火灾现场调查，张新城现场曾口头表示对受害户按实际损失赔偿。而事后，当受害户追讨损失时却都遭到拒绝。无奈之下，作为受害户之一的汪强军向夏津县人民法院提起民事索赔诉讼。山东省德州市中级人民法院对该案作出终审判决，由张新城赔偿受害人汪强军各项经济损失 4598 元，并承担一、二审的案件受理费 100 元。

每日一省

____

____

____

第四十节　手机充电酿成火灾

法律再现

《中华人民共和国消防法》

第六十六条　电器产品、燃气用具的安装、使用及其线路、管路的设计、敷设、维护保养、检测不符合消防技术标准和管理规定的，责令限期改正；逾期不改正的，责令停止使用，可以并处一千元以上五千元以下罚款。

警钟长鸣

手机充电酿成火灾

2012 年 03 月 20 日晚 10 时，温州市龙湾区永中街道联谊村一民房发生火灾，4 名住户遭遇惊魂一刻，所幸被救脱险。据调查，手机长时间充电酿成这起火灾。起火的是一间三层民房。龙湾区消防大队接到报警后，出动 5 辆消防车、31 名消防队员赶赴现场开展扑救。由于失火民房内部门窗紧闭不通风，一时间被浓烟笼罩。消防队员在二楼与三楼找到 4 名被困在里面的住户，并将他们转移到地面安全区域。经过 20 多分钟扑救，火势被完全控制住，未发现有人员伤亡。

据悉，手机充电器过热引发火灾的案例，全国各地已发生过多起。有关人士表示，质量差的手机充电器本身就是一个危险源，即使是正规品牌手机厂生产的手机充电器，如果长时间插在插线板上，由于不能及时散热，也可能会引燃可燃物引发火灾，而充电过程中一般无人看管，所以发生火灾的时候也无人知晓。为此有关人士提醒，手机充电时间不宜过长，充电完成后要及时断开充电器和手机。

每日一省

第四十一节　编造网络谣言违法

法律再现

网络谣言：是指通过网络介质（例如邮箱、聊天软件、社交网站、网络论坛等）而传播的没有事实依据的话语。主要涉及突发事件、公共领域、名人要员、颠覆传统、离经叛道等内容。谣言传播具有突发性且流传速度极快，因此对正常的社会秩序易造成不良影响。

具有下列情形之一的，应当认定为《刑法》第二百四十六条第一款规定的“捏造事实诽谤他人”（以暴力或者其他方法公然侮辱他人或者捏造事实诽谤他人，情节严重的，处三年以下有期徒刑、拘役、管制或者剥夺政治权利）。

（一）捏造损害他人名誉的事实，在信息网络上散布，或者组织、指使人员在信息网络上散布的；

（二）将信息网络上涉及他人的原始信息内容篡改为损害他人名誉的事实，在信息网络上散布，或者组织、指使人员在信息网络上散布的；明知是捏造的损害他人名誉的事实，在信息网络上散布，情节恶劣的，以“捏造事实诽谤他人”论处。

警钟长鸣

编造网络谣言违法

2013 年 8 月 20 日，北京警方介绍该案查处经过：不久前，一则严重诋毁雷锋形象的信息被网名“秦火火”的人发布在互联网上并迅速传播，北京警方经侦查发现，以“秦火火”“立二拆四”为首的尔玛公司，专门通过互联网策划制造网络事件，蓄意制造传播谣言及低俗媚俗信息，恶意侵害他人名誉，严重扰乱网络秩序并非法牟取暴利。为提高网络知名度和影响力，以便更好地非法牟取利益，秦、杨二人先后策划、制造了一系列网络热点事件，吸引粉丝，使自己迅速成为网络名人，如“7·23”动车事故发生后，故意编造、散布中国政府花 2 亿元天价赔偿外籍旅客的谣言，挑动民众对政府的不满情绪。二人还捏造了所谓雷锋生活中的奢侈情节，污称这一道德楷模的形象完全是由国家制造的；利用“郭美美炫富事件”蓄意炒作，恶意攻击中国的慈善救援制度。两人还捏造全国残联主席张海迪拥有日本国籍，并将著名军事专家、资深媒体记者、社会名人和一些普通群众等作为攻击对象，无中生有编造故事，恶意造谣抹黑中伤。

秦、杨等人炮制虚假新闻、故意歪曲事实，制造事端，混淆是非、颠倒黑白，并以删除帖文替人消灾、联系查询 IP 地址等方式非法攫取利益，严重扰乱了网络秩序。其行为已涉嫌寻衅滋事罪、非法经营罪。

每日一省

第四十二节　散布谣言，危害群众

法律再现

利用信息网络诽谤他人，具有下列情形之一的，应当认定为《刑法》第二百四十六条第二款规定的“严重危害社会秩序和国家利益”：

（一）引发群体性事件的；

（二）引发公共秩序混乱的；

（三）引发民族、宗教冲突的；

（四）诽谤多人，造成恶劣社会影响的；

（五）损害国家形象，严重危害国家利益的；

（六）造成恶劣国际影响的；

（七）其他严重危害社会秩序和国家利益的情形。

警钟长鸣

散布谣言，危害群众

2013 年 7 月 12 日神木县部分群众就在微信、QQ 群、贴吧、手机短信上收看到一条信息：“神木经济一落千丈，神木人民人人要账，三角债务你拖我拖，现任领导要跑神木不得解放，定于 15 日上午 10 时在广场集会。”

针对网上传言前任县委书记留下的 600 亿元和现在的 300 亿元亏空，其向省政府借款发工资，及免费医疗、免费教育政策因财政亏空将终止等传言，神木县有关负责人称这完全是无中生有，空穴来风。

神木是产煤大县，经济受煤炭行情影响较大。受鄂尔多斯民间借贷崩盘波及，神木也现出了几起大的非法集资案件，涉案金额大，涉及人数众多。2012 年以来，神木法院受理的民间借贷纠纷案件达 4786 起，涉诉金额达 32.17 亿元，涉诉人数 7658 人；在县公安局立案侦查的借贷案件 7 起，涉案金额达 43.1 亿元，涉案人数为 1247 人。

为了办好民间借贷纠纷案件，今年年初，神木县就成立了打击和处置非法集资工作领导小组，对所有案件均责成一名县级领导包抓督办，坚决打击骗贷拖贷、金融诈骗、恶意逃债等行径，以最大限度地维护群众利益。

7 月 15 日，部分群众陆续到县政府聚集。神木县相关部门发现这条信息后，对此违法信息进行跟踪，有 4 人因传播谣言被警方控制。

每日一省

第四十三节 网传虚假信息被拘

法律再现

利用信息网络辱骂、恐吓他人，情节恶劣，破坏社会秩序的，依照《刑法》第二百九十三条第一款第二项的规定，以寻衅滋事罪定罪处罚。

编造虚假信息，或者明知是编造的虚假信息，在信息网络上散布，或者组织、指使人员在信息网络上散布，起哄闹事，造成公共秩序严重混乱的，依照《刑法》第二百九十三条第一款第四项的规定，以寻衅滋事罪定罪处罚。

警钟长鸣

网传虚假信息被拘

2013 年 7 月 15 日，“微信”“新浪微博”“腾讯微博”“百度贴吧”“华商论坛”等社交媒体和论坛疯狂传播雨灾导致“延安市 1358 人死亡，35830 人受伤，113 人失踪”等信息。经核实，该信息为虚假信息。

经警方调查，7 月 13 日 21 时 35 分，网民“李某某”在手机微信中看到延安灾情的官方报道后，为引起前女友对其关注，便擅自篡改官方报道中的伤亡数字，编发了“延安市 1358 人死亡，35830 人受伤，113 人失踪，延川县新建沟滑塌造成 119 人死亡，8765 人受伤，89 人失踪；安塞县发生山体滑坡造成 158 人死亡，29 人受伤，宝塔区蟠龙镇窑洞倒塌 43 人死亡，宝塔区南泥湾采油厂楼板倒塌 21 人死亡，宝塔区桥沟镇房屋倒塌 37 人死亡，宝塔区枣园镇山体滑塌 51 人死亡”的微博。网民“樊某”在 15 日凌晨 1 时 47 分获取该信息后，出于增加微博点击量的动机，对该信息进行加工和添加图片后，在其腾讯微博、QQ 空间、腾讯微信内相继进行转发。

延安宝塔分局依据《中华人民共和国治安管理处罚法》第二十五条第一款规定，对李某某（行政处罚决定书：宝公（网监）行罚决字〔2013〕1315 号）、樊某（行政处罚决定书：宝公（网监）行罚决字〔2013〕1307 号）2 人因扰乱公共秩序，分别处以行政拘留 10 日和 5 日的处罚。

每日一省

第四十四节　QQ 群造谣被刑拘

法律再现

违反国家规定，以营利为目的，通过信息网络有偿提供删除信息服务，或者明知是虚假信息，通过信息网络有偿提供发布信息等服务，扰乱市场秩序，具有下列情形之一的，属于非法经营行为“情节严重”，依照《中华人民共和国刑法》第二百二十五条第四项的规定，以非法经营罪定罪处罚：

（一）个人非法经营数额在五万元以上，或者违法所得数额在二万元以上的；

（二）单位非法经营数额在十五万元以上，或者违法所得数额在五万元以上的。

实施前款规定的行为，数额达到前款规定的数额五倍以上的，应当认定为《刑法》第二百二十五条规定的“情节特别严重”。

警钟长鸣

QQ 群造谣被刑拘

2011 年 3 月 11 日，日本东海岸发生 9.0 级地震，地震造成日本福岛第一核电站 1—4 号机组发生核泄漏事故。谁也没想到这起严重的核事故竟然在中国引起了一场令人咋舌的抢盐风波。从 3 月 16 日开始，中国部分地区开始疯狂抢购食盐，许多地区的食盐在一天之内被抢光，期间更有商家趁机抬价，市场秩序一片混乱。引起抢购的是两条消息：食盐中的碘可以防核辐射；受日本核辐射影响，国内盐产量将出现短缺。

经查，3 月 15 日中午，浙江省杭州市某数码市场的一位网名为“渔翁”的普通员工在 QQ 群上发出消息：“据有价值信息，日本核电站爆炸对山东海域有影响，并不断地污染，请转告周边的家人朋友储备些盐、干海带，暂一年内不要吃海产品。”随后，这条消息被广泛转发。16 日，北京、广东、浙江、江苏等地发生抢购食盐的现象，产生了一场全国范围内的辐射恐慌和抢盐风波。

3 月 17 日午间，国家发改委发出紧急通知强调，我国食用盐等日用消费品库存充裕，供应完全有保障，希望广大消费者理性消费，合理购买，不信谣、不传谣、不抢购。并协调各部门多方组织货源，保障食用盐等商品的市场供应。18 日，各地盐价逐渐恢复正常，谣言告破。

3 月 21 日，杭州市公安局西湖分局发布消息称，已查到“谣盐”信息源头，并对始作俑者“渔翁”作出行政拘留 10 天，罚款 500 元的处罚。

每日一省

第四十五节　信息网络诽谤案件

法律再现

一年内多次实施利用信息网络诽谤他人行为未经处理，诽谤信息实际被点击、浏览、转发次数累计计算构成犯罪的，应当依法定罪处罚。

利用信息网络诽谤他人，具有下列情形之一的，应当认定为《刑法》第二百四十六条第一款规定的“情节严重”：

（一）同一诽谤信息实际被点击、浏览次数达到五千次以上，或者被转发次数达到五百次以上的；

（二）造成被害人或者其近亲属精神失常、自残、自杀等严重后果的；

（三）二年内曾因诽谤受过行政处罚，又诽谤他人的；

（四）其他情节严重的情形。

警钟长鸣

信息网络诽谤案件

2014 年 3 月 28 日 11 时 30 分许，张某与同事在队长胡某某带领下协助治理道路交通违法行为时，发现李某某（李某某因犯强奸罪于 2009 年 3 月 6 日被北京市海淀区人民法院判处有期徒刑 3 年 6 个月，2011 年 1 月 27 日被假释）驾驶一辆两轮摩托车，张某示意李某某停车接受检查，但李某某将车停到路边后弃车逃跑，张某随即追赶李某某。

李某某在逃跑过程中不慎摔倒在地，腿部受伤。张某与其他同事先后赶到，见李某某躺在地上并喊腿疼，便将李某某抬到车上。经询问，李某某称自己没有驾驶证，购买的摩托车系二手，害怕检查才弃车逃跑。交警人员组织车辆和人员将李某某送到医院检查治疗。

之后，李某某以其被交警人员打伤为由向公安机关报案，因公安机关未予立案，李某某自 2014 年 4 月开始捏造其身体损伤系张某对其暴力殴打所致的虚假事实，以“李某某 2014”“小李飞刀扎二”等虚拟身份分别在新浪微博、腾讯微博、天涯社区等诸多网络社交平台上，发布《山东省曹县交警大队暴力执法殴打李某某致伤》《血泪控诉腿被山东省曹县交警打残后现状悲惨》等多个帖文或视频。

经曹县公安局远程勘验，2014 年 10 月 22 日，李某某的帖文浏览量达 10753 次，被转载 201 次；2015 年 2 月 12 日，李某某的帖文浏览量达 61558 次，被转载 314 次。李某某的行为，使张某的人格和名誉受到严重损害。

曹县法院经审理认为，李某某在信息网络上捏造事实，诽谤他人，情节严重，其行为已构成诽谤罪，李某某曾因故意犯罪被判处有期徒刑，刑罚执行完毕以后，在 5 年以内再犯系累犯，依法予以从重处罚。

每日一省

第四十六节 “删帖”的利益链

法律再现

以在信息网络上发布、删除等方式处理网络信息为由，威胁、要挟他人，索取公私财物，数额较大，或者多次实施上述行为的，依照《中华人民共和国刑法》第二百七十四条的规定，以敲诈勒索罪定罪处罚。

利用信息网络实施诽谤、寻衅滋事、敲诈勒索、非法经营犯罪，同时又构成《中华人民共和国刑法》第二百二十一条规定的损害商业信誉、商品声誉罪，第二百七十八条规定的煽动暴力抗拒法律实施罪，第二百九十一条之一规定的编造、故意传播虚假恐怖信息罪等犯罪的，依照处罚较重的规定定罪处罚。

警钟长鸣

“删帖”的利益链

据历城广发公司反映，2011 年初开始，他们在网络上发现大量公司的负面信息，内容千篇一律：济南广发公司是骗子，并以客户的语气伪造一些有关公司的负面信息在网上传播。

这些负面信息在百度、谷歌等搜索引擎上，以公司名称和一些产品名称作为关键词进行搜索就能够找到。

由于网上负面信息连续出现，造成公司客户不断流失，为了消除负面影响，公司主动与网站的客服 QQ 号进行联系删帖。

网站客服表示：可以删帖，但每删一条信息需要 800 元至 1000 元。为了企业声誉和将来的发展，公司和他们讨价还价，最终为每删除一条信息 500 元至 600 元。

但令广发公司头疼的是，这些被删掉的信息很快又出现在其他同类网站上。

北京淘美姿服装有限公司也遇到了同样的问题。网上出现公司“叭啦熊”产品的负面信息，发布信息者索要删除信息费 800 元。该公司却发现，该网站没有在工信部备案，遂在 QQ 上留言，向对方声明：如果不删除虚假信息，就向工信部举报，向公安机关报案；同时告诉对方，让他们等着关掉网站。

然而对方却有恃无恐，发来很多 QQ 群的截图，声称他们有上百个站长群，如果该公司举报，就会把公司的负面信息充满网站。

淘美姿服装公司只好妥协，讲好 600 元删除一条信息。2013 年 3 月，淘美姿服装公司又发现一条负面信息出现在这个网站上，并通过 QQ 向对方解释，但对方予以否决，该公司只好花钱删除了这条信息。

近日，历城区人民法院对该案作出一审判决，被告人苏某犯敲诈勒索罪，判处有期徒刑一年，并处罚金五千元。

每日一省

第四十七节 明星同样有肖像权

法律再现

肖像权就是自然人所享有的对自己的肖像上所体现的人格利益为内容的一种人格权。采用摄影术或者造型艺术手段反映自然人包括五官在内的形象的作品。肖像权为人格权之一种，是自然人对于肖像的制作权和标表使用权。法律上的肖像为自然人人格的组成部分，肖像所体现的精神特征从某种程度上可以转化或派生出公民的物质利益。法律保护公民的肖像，是基于肖像上多方面体现了公民的精神利益、人格利益。根据我国法律对肖像权的规定，肖像权是公民的基本权利，未经本人同意，任何人不得擅自使用、侮辱其肖像。警方有权保留使用权。如果受害者的肖像被擅自使用，可先协商，如拒不撤销者，可依法进行起诉，申请司法保护，维护自己的合法权益。

警钟长鸣

明星同样有肖像权

原告熊小姐，毕业于北京电影学院，曾参与多部影视作品，系知名艺人，担任多家知名品牌代言人。原告诉称，2013 年 10 月，熊小姐发现地球城网站中擅自将其照片用于整形美容的商业宣传。经地球城网辩称，是用户西华医疗门诊部将原告肖像照片与介绍颧骨整形的治疗方法一并刊登。地球网经原告要求，及时删除了涉案图片。原告认为，由于被告西华医疗门诊部将其照片用于整形美容广告，使自己的社会评价因此降低，侵犯了自己的名誉权，而且未经同意，使用了自己的肖像，侵害了自己的肖像权。法院经过审理认为：被告西华医疗门诊部将原告肖像照片与介绍颧骨整形的治疗方法一并刊登，并不足以使浏览网络的用户认为原告进行过颧骨整形，对被告西华医疗门诊部的行为产生不快可以理解，但侵害名誉权是行为人实施侮辱、诽谤等方式损害他人名誉的行为。被告西华医疗门诊部的行为显然不具有上述性质，没有构成对原告名誉权的侵害。但被告未经原告同意，以营利为目的使用原告照片的行为属于对肖像权的侵害。

名誉权、肖像权属于人身权中人格权的范围。名誉权是社会对某公民的品德、才能、思想、作风等的综合评价。公民的名誉直接关系着公民个人的社会地位和尊严。侵犯名誉权的行为主要表现侮辱和诽谤两种方式，本案中被告并没有侮辱和诽谤损害他人名誉的行为，不构成对名誉权的损害。肖像权是指人对自己的肖像享有再现、使用并排斥他人侵害的权利，就是人所享有的对自己的肖像上所体现的人格利益为内容的一种人格权。他人不得未经本人同意以营利为目的擅自使用他人肖像。本案中被告未经原告同意，以营利为目的擅自使用原告肖像的行为构成对肖像权的侵犯。网络用户利用网络服务实施侵权行为的，网络服务提供者接到通知后，应当采取删除、屏蔽、断开连接等必要措施，否则将和网络用户承担连带责任。本案中地球城网收到原告通知后已经及时删除了涉案照片，故由西华医疗门诊部单独承担侵权责任。

每日一省

第四十八节　摄影店侵犯肖像权

法律再现

《中华人民共和国民法典》

第一千零一十九条　任何组织或者个人不得以丑化、污损，或者利用信息技术手段伪造等方式侵害他人的肖像权。未经肖像权人同意，不得制作、使用、公开肖像权人的肖像，但是法律另有规定的除外。

未经肖像权人同意，肖像作品权利人不得以发表、复制、发行、出租、展览等方式使用或者公开肖像权人的肖像。

警钟长鸣

摄影店侵犯肖像权

2012 年 1 月，被告唐某未经原告陈某、夏某同意，使用二原告 4 张婚纱照，用于江苏省泗洪县孙园镇婚纱摄影店宣传广告，其中门头形象牌 3 张，宣传栏 1 张，后被二原告发现。2012 年 5 月中旬，被告唐某将该婚纱摄影店注销工商登记，店面转让给他人经营。2012 年 5 底，被告唐某拆下婚纱摄影店形象牌和宣传栏。2012 年 6 月初，被告唐某和现在的委托代理人杨某携带一些礼品，到二原告处道歉。二原告认为，被告唐某在经营期间未经二原告同意，擅自使用二原告的婚纱照作为门面广告长达数月之久，严重侵犯了二原告的肖像权，并在二原告的亲戚朋友中引发了一些贬低性评价，给二原告造成了严重精神损害。因双方就侵权损害赔偿协商未果，二原告诉讼来院，请求判令被告唐某赔偿肖像权使用费 20000 元、精神损害抚慰金 10000 元，请求判令被告唐某在原挂置二原告婚纱照处公开张贴道歉信一年。

判决结果：一、被告唐某赔偿原告陈某、夏某肖像权使用费 3500 元、精神损害抚慰金 1500 元，合计 5000 元，于本判决生效后十五日内履行完毕；

二、驳回原告陈某、夏某其他诉讼请求。案件受理费 200 元（已减半收取），由被告唐某负担。

每日一省

第四十九节　自愿放弃不算侵权

法律再现

《中华人民共和国治安管理处罚法》

第四十二条　有下列行为之一的，处五日以下拘留或者五百元以下罚款；情节较重的，处五日以上十日以下拘留，可以并处五百元以下罚款：

（一）写恐吓信或者以其他方法威胁他人人身安全的；

（二）公然侮辱他人或者捏造事实诽谤他人的；

（三）捏造事实诬告陷害他人，企图使他人受到刑事追究或者受到治安管理处罚的；

（四）对证人及其近亲属进行威胁、侮辱、殴打或者打击报复的；

（五）多次发送淫秽、侮辱、恐吓或者其他信息，干扰他人正常生活的；

（六）偷窥、偷拍、窃听、散布他人隐私的。

警钟长鸣

自愿放弃不算侵权

2010 年 10 月，大庆市某大学为了解决新入学特困生的经济困难，欲将社会捐献给该校的一部分钱、物发放给特困生并有计划地为特困生安排一些勤工助学岗位。

为让学生和社会放心，把好事办好，该校实行公正与透明操作，校学工处向全校学生发出通知。除了要求学生进行如实填表申报外，学校还规定要在初步调查了解的基础上将特困生名单在校内张榜公示，在张榜公示两周后没有异议或者有异议但经调查不成立的，即取得接受特困捐助的资格和安排勤工助学岗位的资格。

该院学生徐某在申报表中不愿意填写母亲离家出走的信息，也没有填写这一信息。但学校在核实后张榜公示了这一信息。徐某在取得勤工助学岗位后，因有同学以其母亲离家出走可能有外遇来说事，使其心里难过，自尊心受到一定程度的伤害。于是其以学校未经过其本人同意即将其信息张贴出去，侵犯了其个人隐私权，向学校提出交涉，要求学校向其赔礼道歉并赔偿 1 万元精神损失抚慰金。在与学校协商不成的情况下，徐某于 2011 年 1 月 19 日又以同样的理由和请求向法院起诉。

隐私权属于一种权利，可以放弃。权利的本质是一种自由，自由只要在法律许可的范围内是可以自由处分的，乃至放弃的。徐某是在了解学校捐助学生和勤工助学岗位的通知后，自己主动报名参加的，虽然在填写的报表中没有写其母亲离家出走的信息，但学校在通知中已说明按其调查的实际情况进行公示，既然参加了这一活动也就等于她实际上是默许的同意，是对这一隐私权的一种放弃。因此，如果学校公示徐某的母亲离家出走的情况与实际情况没有出入的话，这一公示并不侵犯其隐私权。

每日一省

第五十节 “飞”来树枝伤人

法律再现

《中华人民共和国侵权责任法》

第九十条　因林木折断造成他人损害，林木的所有人或者管理人不能证明自己没有过错的，应当承担侵权责任。

《中华人民共和国民法典》

第一千一百七十九条　侵害他人造成人身损害的，应当赔偿医疗费、护理费、交通费、营养费、住院伙食补助费等为治疗和康复支出的合理费用，以及因误工减少的收入。造成残疾的，还应当赔偿辅助器具费和残疾赔偿金；造成死亡的，还应当赔偿丧葬费和死亡赔偿金。

警钟长鸣

“飞”来树枝伤人

2015 年 3 月的一起大风，将陈汉乡朱某家的一截枯树枝从树上刮落，碰巧将途经此地的张女士砸伤。近日，在县法院主持调解下，原告张女士最终获赔一万元。

今年 3 月 9 日下午，在农田干活的张女士看到起了大风，赶紧回家，当骑电瓶车经过张邻村的朱某家门口时，一根枯树枝掉落将其砸伤，经诊断其伤情为：右肩胛骨骨折、多处软组织损伤。

该树的所有人朱某见状立即出来，搀扶张女士，并拨打 120 送张到县医院抢救，表示愿意在合理合法的范围内赔偿张女士的损失。后双方就损失赔偿的数额、责任的分摊等不能达成一致，张女士向法院起诉，请法院依法处理。

县法院在审理中认为，被告作为枯树枝脱落树木的所有人，在明知将会刮起大风时，应当及时检查所有树木的安全性，并将有安全隐患的枯树枝进行清理，本案中被告显然并未做到必要的注意义务，树木的所有人应承担全部的赔偿责任。双方的主要争议在于因此次事故给张女士造成损失的具体数额。最终在法院主持下，被告一次性支付因枯树枝造成的张女士各项损失共计 1 万元。

每日一省

第五十一节　从小塑造正确意识

法律再现

《中华人民共和国刑法》

第二百六十四条　盗窃公私财物，数额较大的，或者多次盗窃、入户盗窃、携带凶器盗窃、扒窃的，处三年以下有期徒刑、拘役或者管制，并处或者单处罚金；数额巨大或者有其他严重情节的，处三年以上十年以下有期徒刑，并处罚金；数额特别巨大或者有其他特别严重情节的，处十年以上有期徒刑或者无期徒刑，并处罚金或者没收财产。

违法指违反法律规定，危害国家、社会和公民利益，依法应当承担法律责任的行为。通常表现为对正常社会秩序的破坏，对公民人身权利和公私财产等合法权益的侵犯。犯罪指严重危害社会，触犯刑法，应当受到刑罚处罚的行为。

警钟长鸣

从小塑造正确意识

2001 年，江苏苏州市吴中区木渎镇，一度发生多起入室盗窃案件，到 2002 年年底，失窃案件多达几十起。警方将作案的 26 人捉拿归案，查明这伙人自 2001 年 3—12 月间作案 30 余起，案值人民币 10 万元。更令警方吃惊的是，作案者竟然都是在校中小学生和流失生，年龄最小的仅 11 岁，其中女性一名。面对一张张稚气未脱的脸蛋，办案干警没有像往常破案后的欣喜，心情反而变得沉重起来。警方查明，26 个孩子中有些人已经不是第一次同警察打交道，按盗窃作案的次数和案值，足以判处徒刑，但由于年龄的关系，往往只能教育后予以释放。于是他们作案后受法律惩罚的犯罪恐惧心理一次次减弱，认为自己年纪小，法律管不了，渐渐从一个月一次小偷小摸，发展到每月偷几次，有的几乎天天作案。有些 14 岁的少年曾宣称：“我还能偷 2 年。”13 岁的少年不甘示弱：“我还能偷 3 年，比你多 1 年。”

青少年违法犯罪的原因：

（1）平时有不良行为、经常搞恶作剧，有的会发展到有意识或无意识地伤害别人。

（2）欣赏“哥儿们义气”，与社会上有劣迹的青少年三五成群拉帮结伙，结“拜把子兄弟”，排位分，喝血酒，干坏事。

（3）从冒险、游乐到离家出走、侵犯他人权益再到逐渐发展为违法犯罪。

（4）从小娇生惯养，在家是小皇帝，在外称王称霸乃至行凶打人。

（5）小偷小摸会发展成盗窃抢劫。

每日一省

第五十二节　盗窃的防范和保护

法律再现

《中华人民共和国治安处罚法》

第四十九条　盗窃、诈骗、哄抢、抢夺、敲诈勒索或者故意损毁公私财物的，处五日以上十日以下拘留，可以并处五百元以下罚款；情节较重的，处十日以上十五日以下拘留，可以并处一千元以下罚款。

警钟长鸣

盗窃的防范和保护

2013 年 2 月 22 日，被告人白某某及其四名同案犯经预谋在 W 市农业局宿舍楼附近，抢劫出租车司机郑某某现金 300 余元及摩托罗拉手机一部（后手机经鉴定为人民币 551 元）。2013 年 2 月 28 日因涉嫌抢劫罪被 W 市公安局刑事拘留，于同年 3 月 14 日被 W 市公安局执行逮捕，于 2013 年 3 月 31 日向 W 市人民法院移送审查起诉。

本案于 2013 年 5 月 6 日在 W 市人民法院进行审理，白某某在犯罪时未满 18 周岁，应当减轻处罚，白某某又为初犯，在开庭审理过程中认罪态度较好，有悔罪表现，又有积极赔偿被害人经济损失等情节，办案人员本着“教育为主，惩罚为辅”的原则，为有利于对未成年犯罪的教育和矫正，对白某某犯抢劫罪，判处有期徒刑一年六个月，缓刑二年，并处罚金人民币一万元。

本案是一未成年人团伙作案，在抢劫罪中，该项类型的事件是多发事件，究其原因是家庭、学校、社会等方面的教育不力造成的。

该案中，白某等四人违反法律规定，抢劫他人财物，虽然有如此多悔罪表现，加上未成年人犯罪，仍然被判处有期徒刑一年六个月，缓刑二年，并处罚金人民币一万元。所以，我们应该清醒的认识到，犯罪的代价如此巨大！

盗窃罪的防范和保护：

（1）为陌生人开门要慎重。遇有人叫门时，应先从猫眼向外观察，见到陌生人不要急于开门，可隔着防盗门问明其身份及来访目的；避免自称是推销员、抄表人员或家人朋友的陌生人进入家中；陌生人借用家中电话时要婉言拒绝。

（2）长期不在家，不露痕迹。主人长期外出的屋子自然是窃贼们最理想的下手对象。在房主不在家的情况下可能有很多宣传品、小广告插在防盗门上。这种情况最好嘱咐邻居或信得过的朋友，定期把这些东西清理掉，不要从外观上让人一看就知道家中无人，给窃贼以可乘之机。

（3）风铃防盗法。在阳台或窗前挂上风铃，不仅是装饰还能起到防盗的作用，一旦小偷从窗口或阳台钻入室内，难免会碰到风铃，风铃发出一阵乱响，必然引起家人的注意，尤其在夜里，更可以惊醒沉睡中的您。

（4）睡觉、出门关严门窗。平常在您睡觉、出门之前最好检查一下门窗是否关严，四楼以下居民在夏季最好不要开着窗户睡觉。贵重物品及衣物应该远离窗口，防止盗贼从窗口采取“钩钓”方式实施盗窃。

（5）学会摆迷魂阵。晚上全家短时间外出，最好亮上一盏灯，或打开收音机，长时间全家外出时，要在阳台上晾晒一些衣服，使不法分子难以判断出家中是否有人，因而不敢贸然下手。

每日一省

____

____

____

第五十三节　意外失手导致的祸

法律再现

《中华人民共和国刑法》

第二十条　为了使国家，公共利益，本人或者他人财产和其他权利免受正在进行的不法侵害，而采取的制止不法侵害的行为，对不法侵害人造成损害的，属于正当防卫，不负刑事责任。

现实生活中，人们经常遇到这样的情况，双方打了架，后动手的一方总说自己是在正当防卫，那么，双方打架后动手的一方真是正当防卫吗？可以肯定的是，基于相互斗殴故意的打架后动手一方不属于正当防卫，这是因为正当防卫的主观要件要求必须具有防卫意图，且客观上针对不法侵害行为正在进行时，它包括有社会危害性的一般违法行为和犯罪行为，对这些行为如果不采取防卫行为，停止侵害，将会对社会、人身等造成伤害。最佳的解决方法是学生应及时报告老师，公民可以报警。我们不鼓励动手还击，动手还击容易引起互殴，不利于社会主义法制和社会秩序。如果因还手打架而使事态恶化，比如引发聚众斗殴严重扰乱社会公共秩序的，不论是先动手造成的还是后动手造成的，双方都要负法律责任。

警钟长鸣

意外失手导致的祸

事情发生在2004年5月26日某县城水上花园小区的住宅楼，这天是星期日，三位中学生在四楼的楼道窗前嬉玩，甲失手将乙推出窗外，重重地从高达20米的四楼摔下，当时乙的脸色铁青，血从鼻孔、耳孔直往外流，在这里给同学们出三个思考题：①第一步应该怎么做？②甲失手致伤乙，算不算犯罪？③如果甲构成犯罪，犯什么罪？答案应是：尽快送附近医院或是拨打120急救电话，治疗伤者，同时报警。如果鉴定部门确定为重伤，且甲的年龄已满16周岁，那么甲的这种行为构成犯罪，其违反了《中华人民共和国刑法》第四章　侵犯公民人身权利、民主权利罪　第二百三十五条，过失伤害他人致人重伤，处三年以下有期徒刑或拘役。这个案例要考虑两个问题：一是受害人的伤势，过失侵害他人身体健康的只有在重伤及以上损害结果时才承担刑事责任。二是要考虑的是刑事责任年龄的问题。所谓刑事责任年龄，就是指对犯罪后果承担刑事责任的法定年龄。我国《中华人民共和国刑法》第十七条规定，已满十六周岁的人犯罪的，应负刑事责任。同时《中华人民共和国刑法》第十四条规定，已满十四周岁不满十六的人犯故意杀人、故意伤害致人重伤或死亡、强奸、抢劫、贩毒、放火、爆炸、投毒罪的，应当负刑事责任。所以在这个案件中，如果甲不满16周岁，不构成犯罪。因为他是过失伤害，而不是故意伤害，但是甲的监护人将承担治疗费用和行政处理。这里要提醒违法和犯罪不是同一个概念。违法是指违反法律、法规禁止做的及不允许做的或是应当做的而不去做的行为。犯罪是指触犯《中华人民共和国刑法》，严重危害社会，依照《中华人民共和国刑法》应当追究刑事责任的行为。

每日一省

第五十四节　用法律武器保护自己

法律再现

《中华人民共和国宪法》

本宪法以法律的形式确立了中华各族人民奋斗的成果，规定了国家的根本制度和根本任务，是国家的根本大法，具有最高的法律效力。全国各族人民、一切国家机关、各政党和各社会团体、各企业事业单位组织，都必须以宪法为根本的活动准则，并且负有维护宪法尊严、保证宪法实施的职责。

警钟长鸣

用法律武器保护自己

2001 年 12 月 23 日，四川大学 98 级法律系学生蒋韬看到中国人民银行招录行员的启事，但其中一个条件“男性身高 1.68 米，女性身高 1.55 米以上”，这让只有 1.65 米身高的他犯难，蒋韬认为这是对身高在 1.68 米以下的男性公民和身高在 1.55 米以下女性公民平等权的侵害。2002 年 1 月 7 日，蒋韬向成都市武侯区人民法院递交行政诉状，要求维护自己的平等权。4 月 25 日，此案开庭审理。

国家行政学院法学部教授应松年在接受采访时表示，作为原告一方的蒋韬肯定胜诉。应教授称，作为中国宪法平等权利第一案，此案将起到司法改革前期的“触探”作用。

2000 年，山东姑娘齐某初中毕业考上了济宁商校，却被同村同学陈某盗用姓名就读直至毕业，毕业后陈某继续冒用齐某的名字参加工作。在得知真相后，齐某以姓名权、受教育权受到侵犯为由将陈某等人推上了被告席。这起特殊的案件着实让法官感到为难，陈某等人侵犯了齐某受教育的权利，应该承担民事责任，但是却苦于找不到具体的法律规定，所以决定向最高法院请示。

2001 年 6 月 28 日最高人民法院做出的司法解释〔2001〕25 号批复，明确指出以侵犯姓名权的手段侵犯他人依据宪法规定享有的受教育权，应承担相应的民事责任。

根据最高法院的批复，山东省高级人民法院对这场冒名顶替上学案，作出了终审判决：判处陈某停止对齐某姓名权的侵犯，并赔偿齐某因受教育权被侵犯所造成的经济损失 5 万余元。

维护宪法权威，人人有责，我们每个公民尤其是青少年要以怎样的实际行动维护宪法的权威？

第一，要从小树立宪法意识，养成遵守和维护宪法的习惯，自觉遵守宪法，维护宪法权威。

第二，认真学习宪法，了解宪法的性质及基本内容。

第三，自觉遵守宪法，依法行使和正确享受宪法赋予的权利，自觉履行宪法规定的义务。

第四，以各种形式向群众宣传宪法，同违反宪法的行为作斗争，自觉维护宪法的尊严。

每日一省

第五十五节　君子爱财，取之有道

法律再现

《中华人民共和国治安处罚法》

第四十九条　盗窃、诈骗、哄抢、抢夺、敲诈勒索或者故意损毁公私财物的，处五日以上十日以下拘留，可以并处五百元以下罚款；情节较重的，处十日以上十五日以下拘留，可以并处一千元以下罚款。

第六十四条　有下列行为之一的，处五百元以上一千元以下罚款；情节严重的，处十日以上十五日以下拘留，并处五百元以上一千元以下罚款：

（一）偷开他人机动车的；

（二）未取得驾驶证驾驶或者偷开他人航空器、机动船舶的。

警钟长鸣

君子爱财，取之有道

小明平时有小偷小摸的不良行为，2010 年 9 月，其为获取上网费用，到邻近工地盗窃电缆线 10 余米，后又在该工地盗窃时，被当场抓获，公安机关给予他行政拘留十日的处罚；2011 年 6 月，小明因盗窃铜芯电线，再次被公安机关给予行政拘留八日的处罚；2013 年 5 月，小明因盗窃炉盘、水管，被公安机关给予行政拘留二日的处罚；2013 年 8 月，小明因盗窃他人电脑、手机、现金共计 6444 元，被判处有期徒刑六个月。

通过上述的案例，案件中小明没有树立正确的金钱观。“君子爱财，取之有道”，要通过正常渠道获取财物，不能贪图享乐，不劳而获，从小偷小摸等不良行为到违法行为，再到犯罪，这个过程没有不可逾越的鸿沟。因此，预防犯罪从杜绝不良行为做起，否则后悔晚矣！

什么是不良行为？

不良行为：一般指与中学生守则、中学生日常行为规范、公众道德规范等相违背的一些行为以及心理的总和。比如：

（一）迟到、早退、讲粗话脏话、穿奇装异服、染发、戴首饰、男生留长发、光头、参加不良活动，不按时就寝、违反学校的规章制度等；

（二）旷课、夜不归宿；

（二）携带管制刀具；

（四）打架斗殴，辱骂他人；

（五）强行向他人索要财物；

（六）偷窃、故意损坏财物；

（七）参与赌博或者变相赌博；

（八）观看收听色情、淫秽的音像制品读物等；

（九）进入法律、法规规定未成年人不适宜进入的营业歌舞厅等场所；

（十）吸烟、酗酒；

（十一）其他危害社会行为，等等。

请注意：不良行为的慢慢发展延伸会走向违法犯罪。

每日一省

第五十六节 青春叛逆期的代价

法律再现

《中华人民共和国未成年人保护法》

第十五条 未成年人的父母或者其他监护人应当学习家庭教育知识，接受家庭教育指导，创造良好、和睦、文明的家庭环境。

共同生活的其他成年家庭成员应当协助未成年人的父母或者其他监护人抚养、教育和保护未成年人。

警钟长鸣

青春叛逆期的代价

小童正处在青少年叛逆期，多次与父母发生争执，意见不合，对父母的教育很反感，为此，小童经常夜不归宿，遇事不与父母商量，2013 年 2 月，小童因盗窃被公安机关行政拘留四日，父母与其促膝长谈，小童不但没有对自己的行为反思，反而变本加厉，最终因盗窃电动车、摩托车共计 2.7 万元，锒铛入狱，被判处有期徒刑九个月，并处罚金人民币二万元。

要正确处理青春期与父母的关系。青少年在青春期时，首先要和父母建立相互信任的关系，要尊重父母的意见，遇到意见不一致时，要及时与父母沟通，表达自己的意见，而不是与父母反其道而行之，否则像上述案例中的小童，将会付出沉重代价。

审视案例，我们应当从中受到哪些启示呢？

第一，树立自尊、自立、自强的价值观，树立远大的理想，同学们在校不仅要学会做学问，学本事，更重要的是要学会做人。古人云："君子爱财，取之有道"。道在何处？勤劳致富，才是正道。上好初中、高中，考上大学，学好本领，参加工作获取报酬，才是正道。相反，坑、蒙、拐、骗、偷、抢等手段获取财物，都是邪门歪道，轻则受到道德的谴责，重则要受到法律的追究。我们应该立大志，苦学成才，用自己劳动所得改善自己的生活。

第二，正确处理青春期与父母的关系。青少年在青春期时，首先要和父母建立相互信任的关系，要尊重父母的意见，遇到意见不一致时，要及时与父母沟通，表达自己的意见，而不是与父母反其道而行之，否则将会付出沉重代价。

第三，在困难、挫折面前要自强。当我们遇到困难、挫折时，不要惧怕、气馁，而是敢于正视，困难、挫折往往能够锻炼和考验我们，这也将成为人生的一笔宝贵的财富，要成就一番大事业，不经过反复的磨炼和考验是不会成功的，这就是古人常讲的"宝剑锋从磨砺出，梅花香自苦寒来"。

在现实生活中，一些人走上了溜撬、扒窃、拦路抢劫、图财害命的违法犯罪道路，往往是从抽一支烟、乱花一点钱、看一次黄色录像等开始的。俗话说"小时偷针，大时偷金"。不良行为和严重不良行为，都有可能发展为违法犯罪。我们要预防违法犯罪，就必须从杜绝不良行为做起。只有防微杜渐，才能防患于未然。生活是美好的，也是复杂的。我们一定要从小加强道德修养，树立法律意识，增强法治观念，自觉遵纪守法，以使自己健康成长。

每日一省

第五十七节　一时冲动，生出苦果

法律再现

《中华人民共和国预防未成年人犯罪法》

第四章　对严重不良行为的矫治

第三十九条　未成年人的父母或者其他监护人、学校、居民委员会、村民委员会发现有人教唆、胁迫、引诱未成年人实施严重不良行为的，应当立即向公安机关报告。公安机关接到报告或者发现有上述情形的，应当及时依法查处；对人身安全受到威胁的未成年人，应当立即采取有效保护措施。

警钟长鸣

一时冲动，生出苦果

几年前，一个在本地初中上学的孩子，案发时还不到 16 岁。那天他和三个朋友喝完酒后，一同走在马路上，其中一个朋友和迎面来的几个小青年撞了下肩膀。小青年的眼镜被碰掉了，顺嘴抱怨了一句。不料这个朋友火了，和对方吵嚷着并动起手来。为了面子，这个孩子帮朋友一起挥拳，但让他没想到的是，朋友居然捡起一块砖头狠狠砸到了对方的头上，将对方砸成重伤，案子的性质一下子变了。这个孩子哭着对警察说，他根本没想到是这种结果，他只是想简单打一架。这个孩子的 18 岁生日就在监狱里度过。

类似的案子还有很多，一个未成年当事人，与朋友在酒桌上和别人发生了争吵，朋友叫来人助拳，结果叫来的人将对方杀死了。“一人既遂，全案既遂，所以说，叫人打架出气是最危险的，因为一旦发生这种事，事情就不在你的控制之中了，很可能把你自己陷入危险中，带来一生的痛苦。”

未成年人犯罪最主要的一个原因是交友不慎，一些未成年人友谊的诞生地往往是酒桌和网吧，或者是通过一些“刺激”的暴力影视作品、暴力游戏结交朋友。未成年人世界观不成熟，非常容易受不良社会风气的影响，从而产生不劳而获的畸形思想。

防止未成年人犯罪，最重要的一环来自家庭。良好健康的家庭气氛和家庭教育才是杜绝未成年人犯罪的最根本环节。另外的重要一环来自学校，学校应尽到监管和教育未成年人的义务。我国《预防未成年人犯罪法》中明确规定“未成年人父母或监护人和学校应当教育未成年人，旷课、夜不归宿、打架、辱骂等行为应当及时监管和处理，不得向未成年人出售烟酒……”很多细节其实法律都有表述，关键还是这些法律条文能不能引起家长、学校、社会的重视。

每日一省

第五十八节　不轻信任何陌生人

法律再现

《中华人民共和国未成年人保护法》

第十七条　未成年人的父母或者其他监护人不得实施下列行为：

（一）虐待、遗弃、非法送养未成年人或者对未成年人实施家庭暴力；

（二）放任、教唆或者利用未成年人实施违法犯罪行为；

（三）放任、唆使未成年人参与邪教、迷信活动或者接受恐怖主义、分裂主义、极端主义等侵害；

（四）放任、唆使未成年人吸烟（含电子烟，下同）、饮酒、赌博、流浪乞讨或者欺凌他人；

（五）放任或者迫使应当接受义务教育的未成年人失学、辍学；

警钟长鸣

不轻信任何陌生人

有一天，某小学三年级的女生小梅从家里到学校上学，快到学校时，一个男青年（李某）拦住她，对她说："小妹妹，你们班主任老师生病住院了，别的同学都去看了，你要不要去？"小梅立即紧张地问："是我们王老师吗？"李某说："是，是。"小梅立即点头同意。于是，李某把小梅扶上了自己的面包车，车上还有另外一个人张某，把小梅控制起来。边走边问小梅她爸爸妈妈的电话是多少，小梅告诉他后，他马上向小梅父母打电话勒索5万元钱，说如果不按要求送钱来，就会杀了小梅。后来，小梅的父母报了警，经过警察的不懈努力，李某和张某被公安机关抓获，小梅成功获救。当然这两个绑架者也都受到了法律的惩罚。

小梅不应该轻信陌生人的话，也不该透露自己的有关信息，更不应该上陌生人的车。如果以上两名罪犯特别狡猾的话，被绑架是很危险的，有的甚至会失去生命。小梅应该躲避跟自己搭讪的陌生人，到学校去求证这件事情的真伪。

我们每个人的生命都是无比珍贵、不能侵犯的。个人的合法财产也受法律保护，不能随意侵犯。在这件绑架案中，李某和张某既侵犯了小梅的生命安全，又侵犯了小梅家的合法财产所有权，被判刑是罪有应得。

如果在遭到绑架或不法侵害时，一定要保持冷静，在不同的情况下应该采取不同的处理方式：

第一，要分析、衡量自己是否有能力逃跑，在人多的地方，可以采取喊叫救命、用牙咬、用脚踢等办法自卫；如果正处在偏僻的地方，那么就要以静制动，要保存体力，可以表现出很害怕的样子，求他不要伤害自己，或假意讨好他，让坏人放松警惕，从而伺机逃跑。

第二，假如已遭劫持，不要惊慌，一定要冷静，切记不可辱骂对方，以免激怒歹徒，做出过激行为。

第三，当歹徒问起家中情况，无须刻意欺骗，或许他已对你的家庭有初步认识，所以可以适当告知父母姓名、电话等，若问到家庭经济情况，则以“不知道”“没听说”搪塞。

第四，耐心等待机会，设法逃至人多的地方，想办法以电话向警方或父母求助。

第五，记住歹徒的特征、容貌、衣着等，作为警方办案参考。

每日一省

第五十九节　缺失母爱，走向深渊

法律再现

《中华人民共和国未成年人保护法》

第十六条　未成年人的父母或者其他监护人应当履行下列监护职责：

（一）为未成年人提供生活、健康、安全等方面的保障；

（二）关注未成年人的生理、心理状况和情感需求；

（三）教育和引导未成年人遵纪守法、勤俭节约，养成良好的思想品德和行为习惯；

（四）对未成年人进行安全教育，提高未成年人的自我保护意识和能力；

警钟长鸣

缺失母爱，走向深渊

因父亲去世，母亲改嫁，小强心里怨恨母亲，自暴自弃，小强伙同他人到其本村盗窃山羊、公鸡共计价值5500元。2012年1月，小强酒后，因母亲改嫁之事，心里不痛快，遂到网吧上网，想殴打他人发泄情绪，在殴打他人期间抢劫手机一部、项链一条，被判处有期徒刑二年，并处罚金人民币一万五千元。

困难、挫折面前要自强。遇到困难挫折时，不要惧怕、气馁、自暴自弃，而是要敢于直面困难和挫折，只有自己不放弃，才不会被他人抛弃，案件中正是小强的自暴自弃，自我放弃，才使自己走向了犯罪的深渊。

同学们不要轻易涉足公共娱乐场所。歌厅、舞厅、茶屋、网吧、电子游戏厅等各种公共娱乐休闲场所情况相当复杂，有许多极不利于青少年身心健康的东西。这些公共娱乐场所往往会涉及毒品、故意伤害、寻衅滋事等情况的发生，青少年涉世不深、自控能力差，处理复杂问题的能力不够，容易使自身处于危险境地。

要善思考，增强自控能力。提醒同学们一定要有独立思考的能力。遇事该怎么做，不该怎么做，要有自己的主见，切不可盲从。

遇到困难挫折要及时向父母和老师求助。要经常跟老师或家长聊聊天，说说自己的心里话，他们一定能帮助你解决困难的。

每日一省

第六十节　近朱者赤，近墨者黑

法律再现

《中华人民共和国未成年人保护法》

第五十条　禁止制作、复制、出版、发布、传播含有宣扬淫秽、色情、暴力、邪教、迷信、赌博、引诱自杀、恐怖主义、分裂主义、极端主义等危害未成年人身心健康内容的图书、报刊、电影、广播电视节目、舞台艺术作品、音像制品、电子出版物和网络信息等。

警钟长鸣

近朱者赤，近墨者黑

小宁中专毕业后，没有找到合适的工作，整日游手好闲，小宁在网上结识了小波，二人相识后，因没有工作，没有钱，又不想通过劳动获取金钱，小波认为抢劫是获取财物的“捷径”，遂提议抢劫，小宁表示同意，并将此事告知其好友小海，让其一起参加，小海听后拒绝参加并劝阻小宁参加，小宁不听劝阻，与小波以租车看望朋友为由，抢劫出租车一辆、手机三部及部分现金，后来小波被判处有期徒刑四年，小宁被判处有期徒刑三年六个月。

谨慎交友。同学们与他人交往时，一定要慎重，不要和心术不正、有校外劣迹者交往，以免沾染社会上的不良风气。当朋友提出违法行为的意见时，要认真思考，不要盲从，并且要及时制止或者退出。上述案件中，小宁没有听取小海的劝阻，参与实施抢劫，以致身陷囹圄，教训深刻。

要慎交友。不要沾染了社会上一些不良风气，称兄道弟，为了哥们义气是非不分，以致胆大妄为，以身试法。提醒同学们和他人交往，一定要慎重，牢记古人忠告：“近朱者赤，近墨者黑”。不要和心术不正的人交往，更不要和校外的劣迹者同流合污。

每日一省

第六十一节 贩卖毒品，被判死刑

法律再现

《中华人民共和国刑法》

第三百四十七条 走私、贩卖、运输、制造毒品，无论数量多少，都应当追究刑事责任，予以刑事处罚。走私、贩卖、运输、制造毒品，有下列情形之一的，处十五年有期徒刑、无期徒刑或者死刑，并处没收财产：（一）走私、贩卖、运输、制造鸦片一千克以上的，海洛因或者甲基苯丙胺五十克以上或者其他毒品数量大的；（二）走私、贩卖、运输、制造毒品集团的首要分子；（三）武装掩护走私、贩卖、运输、制造毒品的；（四）以暴力抗拒检查、拘留、逮捕，情节严重的；（五）参与有组织的国际贩毒活动的。

警钟长鸣

贩卖毒品，被判死刑

李世德，男，44 岁，捕前系重庆市九龙坡茄子溪肉联厂工人。张树明，男，38 岁，待业人员。1980 年 9 月 9 日因盗窃、诈骗被劳教三年；1983 年 9 月 23 日、1991 年 8 月 24 日因犯盗窃罪，两次分别被判有期徒刑九年和一年，1993 年 8 月 23 日刑满释放。1993 年 7 月被告人张树明约李世德一起到思茅购买毒品，商定由张树明出路费及毒资，李负责联系购买。到云南后，因一时未买到毒品，张树明先回重庆，李继续留在思茅帮其购买海洛因。8 月李联系到毒品以后，打电话通知张树明送钱到思茅。张树明先叫其姘妇薛萍携带 2.9 万元毒资找到李世德。二人将款交给林飞（另案处理）购买毒品，随后张树明也赶到思茅。因与李世德发生矛盾，先返回重庆。1993 年 10 月 6 日被告人李世德携带 199.5 克海洛因返回昆明时，在昆明火车站被公安干警抓获。10 月 9 日李世德带领公安干警，将张树明缉拿归案。

1998 年 6 月 12 日终审判决被告人李世德犯贩卖毒品罪，判处死刑，缓期二年执行，剥夺政治权利终身；并处没收财产人民币 1 万元。被告人张树明犯贩卖毒品罪，判处无期徒刑，剥夺政治权利终身；并处没收财产人民币 2 万元。

每日一省

第六十二节　贩毒购毒，葬送终生

法律再现

《中华人民共和国刑法》

第三百四十八条　非法持有鸦片一千克以上、海洛因或者甲基苯丙胺五十克以上或者其他毒品数量大的，处七年以上有期徒刑或者无期徒刑，并处罚金；非法持有鸦片二百克以上不满一千克、海洛因或者甲基苯丙胺十克以上不满五十克或者其他毒品数量较大，处三年以下有期徒刑、拘役或者管制，并处罚金；情节严重的，处三年以上七年以下有期徒刑，并处罚金。

警钟长鸣

贩毒购毒，葬送终生

2004 年夏，被告人关辉在黑龙江省黑河市购买摇头丸约 241.5 克（700 粒）。同年 8 月，被告人关辉指使被告人张少平到广东省珠海市从“阿贵”（在逃）处购买摇头丸约 34.5 克（100 粒）、K 粉约 113.2 克。张少平将毒品藏在月饼盒内邮寄给关辉的女友陈琦，由陈琦转交给关辉。2004 年至 2005 年，关辉还从“阿贵”处分 4 次购买摇头丸共约 138 克（400 粒）。“阿贵”将摇头丸藏在微波炉内通过货运公司发送给关辉。

2005 年，被告人关辉与被告人李菲约定购买毒品，李菲又向广州市的“春哥”（在逃）订购毒品。“春哥”将毒品藏在旅游鞋内通过货运公司发送至黑河市，关辉安排被告人张少平等人将毒品取回。2005 年 10 月至 2006 年 8 月，关辉向李菲汇款共 80 余万元，购买冰毒约 2250 克、摇头丸约 1035 克（3000 粒）、麻古约 174 克（1200 粒）。2006 年 10 月初，关辉多次同李菲联系购买 1000 克冰毒。李菲向广州市的“阿宇”（在逃）订购冰毒。“阿宇”将 1000 克冰毒藏在旅游鞋内通过货运公司发送至黑河市。同月 24 日，张少平按照关辉的指使到黑河市建波配货站取毒品时被抓获，公安人员当场缴获冰毒 995 克。

综上所述，被告人关辉共购买冰毒约 3445 克、摇头丸约 1449 克（4200 粒）、麻古约 319 克（2200 粒）、K 粉约 113.2 克。关辉将所购毒品藏在被告人张少平、陈琦等人家中，伙同张少平、陈琦分装毒品，指使张少平等人取送毒品，将毒品加价出售。

法院认为，被告人关辉、张少平、李菲、曾宪民、陈琦为牟取非法利益，明知是毒品而贩卖，其行为均已构成贩卖毒品罪。关辉、张少平、李菲贩卖毒品数量巨大，社会危害性大，应依法惩处。在共同犯罪中，关辉出资购买毒品，组织、指挥多人贩卖毒品，起主要作用，系主犯，应当按照其所组织、指挥的全部犯罪处罚。张少平积极参与毒品犯罪，系主犯，应当按照其所参与的全部犯罪处罚。陈琦起次要作用，系从犯，可依法减轻处罚。据此，对被告人关辉判处并核准死刑，对被告人张少平、李菲判处死刑，缓期二年执行，对被告人曾宪民、陈琦分别判处有期徒刑十五年、二年。

每日一省

第六十三节　运毒被判有期徒刑

法律再现

、《中华人民共和国刑法》

第三百四十九条　【包庇毒品犯罪分子罪；窝藏、转移、隐瞒毒品、毒赃罪】包庇走私、贩卖、运输、制造毒品的犯罪分子，为犯罪分子窝藏、转移、隐瞒毒品或者犯罪所得的财物的，处三年以下有期徒刑、拘役或者管制；情节严重的，处三年以上十年以下以期徒刑。缉毒人员或者其他国家机关工作人员掩护、包庇走私、贩卖、运输、制造毒品的犯罪分子的，依照前款的规定从重处罚。

警钟长鸣

运毒被判有期徒刑

2010 年 7 月 31 日 22 时许，被告人王 ×、王 × ×（本案第二被告）在绵阳乘坐成都至西安的 K9 次旅客列车，次日 10 时许在宝鸡车站出站时，执勤民警从王 × ×裆部查获外用黑色塑料袋内用白色自封袋包装的黄色晶体状毒品可疑物一包。经鉴定为甲基苯丙胺（冰毒），净重 47.6 克。经查，毒品可疑物是被告人王 ×在绵阳购买，授意被告人王 × ×藏匿在裆部的。并认定被告人王 ×、王 × ×明知毒品而运输，其行为触犯了《中华人民共和国刑法》第三百四十七条第一款、第三款之规定，应当以运输毒品罪追究其刑事责任。同时，该起诉书还认定：被告人王 ×系主犯，被告人王 × ×系从犯。

2010 年 10 月 12 日，法院对犯罪嫌疑人王 ×、王 × ×犯运输毒品一案开庭审理，审理法院公开开庭宣判，判决认定本案被告王 ×犯非法持有毒品罪，判处有期徒刑六年，并处罚金人民币 50000 元。

每日一省

第六十四节　赌钱欠债，受雇运毒

法律再现

《中华人民共和国刑法》

第三百五十条　【走私制毒物品罪；非法买卖制毒物品罪】违反国家规定，非法运输、携带醋酸酐、乙醚、三氯甲烷或者其他用于制造毒品的原料或者配剂进出境的，或者违反国家规定，在境内非法买卖上述物品的，处三年以下有期徒刑、拘役或者管制，并处罚金；数量大的，处三年以上十年以下有期徒刑，并处罚金。

明知他人制造毒品而为其提供前款规定的物品的，以制造毒品罪的共犯论处。

单位犯前两款罪的，对单位判处罚金，并对其直接负责的主管人员和其他直接责任人员，依照前两款的规定处罚。

警钟长鸣

赌钱欠债，受雇运毒

梁平县谢某在境外赌钱欠债而受雇帮人运输毒品，便邀约唐某、谢×等人从梁平县驾车到云南，在接货后被抓获，查获毒品数量为3373克，后该案移送回重庆潼南警方侦查，侦查终结后由重庆市检察二分院诉至重庆市第二中级人民法院，现一审宣判。唐某和谢×分别被判处有期徒刑十五年、十二年。

每日一省

第六十五节　无知农妇种植罂粟

法律再现

《中华人民共和国刑法》第三百五十一条

【非法种植毒品原植物罪】非法种植罂粟、大麻等毒品原植物的，一律强制铲除。有下列情形之一的，处五年以下有期徒刑、拘役或者管制，并处罚金：

（一）种植罂粟五百株以上不满三千株或者其他毒品原植物数量较大的；

（二）经公安机关处理后又种植的；

（三）抗拒铲除的。

非法种植罂粟三千株以上或者其他毒品原植物数量大的，处五年以上有期徒刑，并处罚金或者没收财产。

非法种植罂粟或者其他毒品原植物，在收获前自动铲除的，可以免除处罚。

警钟长鸣

无知农妇种植罂粟

被告人张文英，女，1944 年 6 月出生，汉族，文盲。

2002 年 9 月，家住十堰市张湾区黄龙镇狮子沟村四组的张文英将罂粟种子非法套种在其家屋后和该组的麦地里。后罂粟苗与小麦一起生长，2003 年 5 月 9 日，公安机关发现罂粟苗后当即予以铲除，经清点，罂粟苗数量为 5100 余株。张文英辩称是为了给猪、牛治病。

法院认为，被告张文英明知罂粟是毒品原植物而非法种植，数量 5100 株，其行为已构成非法种植毒品原植物罪，依据《中华人民共和国刑法》第三百五十一条第二款规定，判决张文英有期徒刑 5 年，并处罚金 4000 元。

每日一省

第六十六节　种植鸦片，耽误终生

法律再现

《中华人民共和国刑法》

第三百五十二条　【非法买卖、运输、携带、持有毒品原植物种子、幼苗罪】非法买卖、运输、携带、持有未经灭活的罂粟等毒品原植物种子或者幼苗，数量较大的，处三年以下有期徒刑、拘役或者管制，并处或者单处罚金。

警钟长鸣

种植鸦片，耽误终生

2008 年 8 月，被告人蔡云东与朱家金、朱远君、朱远成、朱家贵（另案处理）在重庆市奉节县合谋种植罂粟，获取鸦片，牟取暴利。

2008 年 8 月底，朱家金前往巴东县溪丘湾乡，结识当地村民郭道柱、邓正菊（另案处理）后，合伙在巴东县溪丘湾乡农林场村六组村民屈代兴的荒地内种植罂粟。随即朱龙（另案处理）受其父朱家贵、堂兄朱远君委托将罂粟种子从奉节带至巴东，交给朱家金后由其负责种植。朱家金等人在屈代兴的荒地中种植罂粟 3.2 亩，共 36508 株。种植过程中，朱家金要求按六股分账。而后朱家金又与当地村民谭云耀（另案处理）及邓正菊共同在溪丘湾乡农林场村五组张家坪（小地名）开垦荒地种植罂粟，并由朱家金、邓正菊、谭云耀按三股分账。此地种植后，朱家金、邓正菊、谭金华（另案处理）帮助蔡军（另案处理）再次在张家坪所种罂粟的地角上开垦荒地，种植罂粟。被告人蔡云东与朱家金、朱家贵、朱远成等人多次到巴东县溪丘湾乡查看罂粟生长情况，并与邓正菊、郭道柱、谭云耀之子谭金华等人对所种植的罂粟进行田间管理。

2009 年 4 月，罂粟成熟后，被告人蔡云东与朱家金、朱家贵一同来到巴东，并邀约朱远金、朱远祥、朱远富、朱远兴、杨隆国（另案处理）等人，与邓正菊、谭金华、马学定、张兴魁等人收割鸦片生浆，谭云耀、郭道柱负责望风。

朱家金等人首先在巴东屈代兴那块田里收割鸦片生浆 8.5 千克，由被告人蔡云东、朱远成携带至巫山，方胜华、朱远君驾车将其接回奉节。尔后朱家金等人再次在巴东屈代兴那块田里收了 0.65 千克鸦片生浆、张家坪地里收割鸦片生浆 1.95 千克（含属于蔡军的 0.2 千克），由朱家金将其带回奉节予以贩卖。在所收获的 11.1 千克鸦片生浆中，获生鸦片 9.15 千克。朱远成拿走 2 千克生鸦片，朱远君拿走 1.4 千克生鸦片。被告人蔡云东与朱龙贩卖 2.2 千克生鸦片，获赃款 57200.00 元。剩余的 3.55 千克生鸦片由朱家金出售给朱远君、方胜华、彭小平（另案处理），获赃款 83600.00 元。所获赃款由被告人蔡云东、朱家金、朱远君、朱家贵、朱龙、蔡军等人瓜分。谭云耀将收割鸦片后留在田里的 200 千克罂粟壳晒干后，按每公斤 60 元的价格卖给被告人蔡云东，被告人蔡云东予以收购。

被告人蔡云东犯运输、贩卖毒品罪，判处有期徒刑十五年，并处没收个人全部财产。

每日一省

第六十七节 拒绝毒品，魔鬼诱惑

法律再现

《中华人民共和国刑法》

第三百五十三条 【引诱、教唆、欺骗他人吸毒罪；强迫他人吸毒罪】引诱、教唆、欺骗他人吸食、注射毒品的，处三年以上七年以下有期徒刑、拘役或者管制，并处罚金；情节严重的，处三年以下有期徒刑，并处罚金。

强迫他人吸食、注射毒品的，处三年以下有期徒刑、拘役或者管制，并处罚金。引诱、教唆、欺骗或者强迫未成年人吸食、注射毒品的，从重处罚。

警钟长鸣

拒绝毒品，魔鬼诱惑

被告人：招可满，男，21岁，广东省南海县农民。被告人招可满从1991年5月开始吸毒。同年五六月间的一天晚上，招在吸食含有毒品海洛因的香烟时，问在场的陈绍文（男，17岁，无业）吸不吸，并说：“吸白粉好过瘾，吸后飘飘然，你试一下。”随即将自己正吸着的香烟给陈绍文吸，导致后来陈绍文吸毒7次。同年6月的一天晚上，招可满到沈志辉（男，17岁，退学在家）处，拿出含有海洛因的香烟来吸，沈问是什么东西，招说“是白粉，吸完后很舒服的，你们试一下就知道了。”于是，沈志辉及在场的杜健泉（男，16岁，初中学生）先后接过招可满的香烟来吸。后来，沈志辉、杜健泉还吸食过两次海洛因。同月的一天晚上，招可满、陈绍文及冼伟明（男，17岁，广州市芳村区供电局工人）在何润添（男，19岁，无业）家过夜时，招又拿出含有海洛因的香烟来吸，并问冼伟明吸不吸，冼说吸，招即将香烟递给冼吸。后来，冼伟明又吸食海洛因4次。陈绍文、沈志辉、杜健泉、冼伟明在招可满的引诱、教唆下吸毒，分别被公安机关处以拘留15天，罚款2000元。

广东省南海县人民法院经过公开审理认为，被告人招可满引诱、教唆4名未成年人吸食毒品，其行为已构成引诱、教唆他人吸食毒品罪，应从重处罚。该院依照全国人民代表大会常务委员会《关于禁毒的决定》第七条第一款、第三款的规定，于1992年5月20日作出判决，以引诱、教唆他人吸食毒品罪判处招可满有期徒刑六年。

每日一省

第六十八节　留人吸毒，害人害己

法律再现

《中华人民共和国刑法》

第三百五十四条

【容留他人吸毒罪】容留他人吸食、注射毒品的，处三年以下有期徒刑、拘役或者管制，并处罚金。

警钟长鸣

留人吸毒，害人害己

石影，女，1972 年 3 月 26 日出生于黑龙江省牡丹江市，汉族，中专文化，农民。因本案于 2008 年 3 月 19 日被羁押，同年 4 月 11 日被北京市公安局西城分局取保候审。

北京市丰台区人民检察院以京丰检刑诉字（2008）第 1614 号起诉书指控被告人石影犯容留他人吸毒罪，于 2008 年 9 月 25 日向法院提起公诉。法院依法适用简易程序，实行独任审判，公开开庭审理了此案，被告人石影到庭参加诉讼。现已审理终结。

北京市丰台区人民检察院起诉书指控：2008 年 3 月 19 日 16 时许，被告人石影在本市丰台区方庄南里四方景园 2 号楼 4 门 1303 号其暂住地容留毛秀芬、丁志成、刘双喜、王楠楠吸食毒品甲基苯丙胺，后被抓获。并在当场起获毒品甲基苯丙胺 0.23 克及吸食毒品用的冰壶一个。

上述事实，被告人石影在庭审过程中没有提出异议，并有证人毛秀芬、丁志成、刘双喜证言，毒品检验报告，照片，公安机关起赃经过、到案经过及破案报告等证据证实，足以认定。本院认为，被告人石影无视国法，容留他人吸食毒品，其行为已构成容留他人吸毒罪，应予惩处。北京市丰台区人民检察院指控被告人石影犯容留他人吸毒罪的事实清楚、证据确实充分、罪名成立。鉴于被告人石影能够如实供述犯罪事实，认罪态度较好，有悔罪表现，故对其酌予从轻处罚并适用缓刑。据此，依照《中华人民共和国刑法》第三百五十四条，第五十二条，第七十二条，第七十三条第二、三款，第六十一条之规定，判决如下：

被告人石影犯容留他人吸毒罪，判处有期徒刑六个月，缓刑一年，并处罚金人民币一万元（缓刑考验期限从判决确定之日起计算；罚金已交纳）。

每日一省

第六十九节　帮助吸毒，葬送自己

法律再现

《中华人民共和国刑法》

第三百五十五条【非法提供麻醉药品、精神药品罪】依法从事生产、运输、管理、使用国家管制的麻醉药品、精神药品的人员，违反国家规定，向吸食、注射毒品的人提供国家规定管制的能够使人形成瘾癖的麻醉药品、精神药品的，处三年以下有期徒刑或者拘役，并处罚金；情节严重的，处三年以上七年以下有期徒刑，并处罚金。向走私、贩卖毒品的犯罪分子或者以牟利为目的，向吸食、注射毒品的人提供国家规定管制的能够使人形成瘾癖的麻醉药品、精神药品的，依照本法第三百四十七条的规定定罪处罚。

单位前款犯罪的，对单位判处罚金，并对其直接负责的主管人员和其他直接责任人员，依照前款的规定处罚。

警钟长鸣

帮助吸毒，葬送自己

李某是某医院的药剂师，在舞厅认识女青年张某后，与其长期保持暧昧关系，后张某开始吸毒，李某数次劝她戒毒，但未成功，张某不断向李某要钱购买毒品，但李某无力供应，被迫答应张某将医院的吗啡私自购出少许供张使用，后一发不可收拾，采用各种办法在两年内非法提供给张某吗啡 170 余克，后经他人举报被查获。

李某的行为已构成非法提供麻醉药品、精神药品罪。非法提供麻醉药品、精神药品罪是指依法从事生产、运输、管理、使用国家管制的麻醉药品、精神药品的单位或人员，违反国家规定，向吸食、注射毒品的人提供国家规定管制的能够使人形成瘾癖的麻醉药品、精神药品的行为。李某的行为符合该罪的构成要件。

每日一省

第七十节　执迷不悟，耽误终生

法律再现

《中华人民共和国刑法》

第三百五十六条【毒品犯罪的再犯】因走私、贩卖、运输、制造、非法持有毒品罪被判过刑，又犯本节规定之罪的，从重处罚。

警钟长鸣

执迷不悟，耽误终生

四川省成都市人民检察院指控，2013 年 3 月 14 日，民警在成都市成华区荆翠西路 39 号小区 1 栋 1 单元 503 号进行搜查时，挡获前来此处的被告人胡东明，后在该小区内被告人胡东明所驾驶的川 AU5G81 起亚越野车上挡获被告人胡国，并当场从该车后排座上查获其持有的一蓝色袋子，里面装有三袋用透明塑料袋包装的淡黄色晶体，共净重 291.4 克，后经鉴定，上述淡黄色晶体中均含甲基苯丙胺成分；同时从胡国的身上查获其持有的用烟盒装的白色晶体和红色药丸，共净重 13.7 克，后经鉴定，上述白色晶体及红色药丸中均含甲基苯丙胺成分。

四川省成都市人民检察院认为，被告人胡东明非法持有毒品数量大，被告人胡国非法持有毒品的行为，均已触犯了《中华人民共和国刑法》第三百四十八条之规定，应以非法持有毒品罪追究被告人胡东明、胡国的刑事责任，被告人胡东明刑满释放后五年内再犯，应当判处有期徒刑以上刑罚之罪，系累犯。

被告人胡东明、胡国对指控事实及罪名无异议。二被告人的辩护人均提出二被告人归案后能如实供述犯罪事实，认罪态度较好，请求法庭对二人从轻处罚。

据此，为维护国家对毒品的管理制度，打击毒品犯罪活动，依照《中华人民共和国刑法》第三百四十八条、第六十五条第一款、第五十二条、第五十三条、第六十七条第三款、第六十四条之规定，判决如下：

一、被告人胡东明犯非法持有毒品罪，判处有期徒刑十二年，并处罚金人民币 5 万元。

二、被告人胡国犯非法持有毒品罪，判处有期徒刑一年六个月，并处罚金人民币 2 万元。

每日一省

____

____

____

第七十一节　铁钻坠落砸伤路人

法律再现

《中华人民共和国民法典》

第一千一百八十二条　侵害他人人身权益造成财产损失的，按照被侵权人因此受到的损失或者侵权人因此获得的利益赔偿；被侵权人因此受到的损失以及侵权人因此获得的利益难以确定，被侵权人和侵权人就赔偿数额协商不一致，向人民法院提起诉讼的，由人民法院根据实际情况确定赔偿数额。

警钟长鸣

铁钻坠落砸伤路人

2011 年 3 月 1 日，原告刘 × × 被溧阳 × × 公司派往常德市武陵区富园小区 B 区安装 26 台电梯。2011 年 3 月 31 日约下午三点钟，原告在 B 区 6 号楼东单元西井道内施工时，被从该楼 19 层机房地面绳孔掉下的铁钻子砸伤，2011 年 3 月 31 日至 2011 年 4 月 20 日在常德市第一中医院住院治疗，损伤稳定后经司法鉴定机构鉴定构成九级伤残。2012 年 5 月 16—29 日在常德市第一中医院进行内固定取出术，共花费医疗住院费 5318 元。

第一，确定举证责任，根据不明抛掷物、坠落物损害责任由建筑物所有人、使用人承担无过错的举证责任，原告方承担基本事实举证责任。很明显减轻了己方举证不能的风险。

第二，结合被告方提供的口述和书面证词，基本可以认定损害事实与侵权方存在因果关系。

每日一省

第七十二节　狗咬他人，主人理赔

法律再现

《中华人民共和国民法典》

第一千一百六十七条　侵权行为危及他人人身、财产安全的，被侵权人有权请求侵权人承担停止侵害、排除妨碍、消除危险等侵权责任。

警钟长鸣

狗咬他人，主人理赔

2009 年 2 月 3 日，原告帮邹 × × 修水泥路。上午 10 时左右，原告上厕所时，被被告家养的黄狗咬了一口。原告注射狂犬疫苗，花去医疗费 290 元。2 月 5 日，被告家的狗又咬死原告家三只母鸡。原告担心被告家的狗是疯狗，在赣县疾病预防控制中心就诊，花去医疗费 1177 元。因被告拒不赔偿原告医疗费用，原告为维护自己的合法权益，特诉至法院，请求判令被告承担原告的医疗费用等共计 2100 元。

判决被告赔偿原告的各项损失计币 1724 元。

每日一省

第七十三节　无主物品降落伤人

法律再现

《中华人民共和国民法典》

第一千一百六十八条　二人以上共同实施侵权行为，造成他人损害的，应当承担连带责任。

警钟长鸣

无主物品降落伤人

2011 年 10 月 9 日下午，谢女士买菜回来，路过五一东村 13 栋 1 楼一家餐馆门口时，不幸被楼顶脱落的水泥板击中头部，当场昏迷不醒。谢女士被诊断为颅脑损伤，头部骨折、脑震荡等，出院后，谢女士在湘雅二医院作出司法鉴定，被评定为八级伤残。

谢女士认为，自己受伤的原因是楼房年久失修，导致楼顶水泥板脱落，最终使自己受伤。她认为，天心公司和其余业主作为五一东村 13 栋的所有人和管理人，应当承担连带赔偿责任。由于协商无果，谢女士将整栋楼业主告上法庭，索赔 28 万余元。

庭审时，被告 69 名业主无一人到庭。近日，芙蓉区法院对此案一审判决，天心公司和业主承担连带责任赔款 22.8 万元。

每日一省

第七十四节　怒摔杯子，送进监狱

法律再现

《中华人民共和国刑法》

第十五条　【过失犯罪】应当预见自己的行为可能发生危害社会的结果，因为疏忽大意而没有预见，或者已经预见而轻信能够避免，以致发生这种结果的，是过失犯罪。

第二百三十五条　过失伤害他人致人重伤的，处三年以下有期徒刑或者拘役。本法另有规定的，依照规定。

警钟长鸣

怒摔杯子，送进监狱

2011 年 8 月 15 日下午 3 点，24 岁的陈涛骑电瓶车搭着女友，驶到提督街锦阳商厦楼下，头部突然遭到猛击，失去意识。不久他睁开眼睛，看见身旁有一个摔得粉碎的杯子，周围人对着商厦大喊："哪个丢的杯子，砸到人了。"虽然没有生命危险，但左顶骨粉碎性、凹陷性、开放性骨折，头部遭受重创，右半身有很大可能永久性截瘫，全身多处的重伤让他的生活一塌糊涂。创伤性癫痫不时发作，让他必须每隔 8 小时就要服用对肝脏有严重损伤的抗癫痫药物，后来肝脏受到了损伤。家里欠下了十几万元的外债，还未成年的弟弟因此辍学，开始在外打零工。陈涛决定用法律武器维护自己的合法权益，公安部门经过走访调查确定杯子为锦阳商厦楼 8 楼住户张涛所扔。陈涛向法院提起刑事诉讼，附带民事赔偿。

法院判决：张涛犯过失伤人罪，判有期徒刑 2 年附带民事赔偿 30 万元。

每日一省

____

____

____

第七十五节 正当防卫，不用担责

法律再现

《中华人民共和国刑法》

第二十条 【正当防卫】为了使国家、公共利益、本人或者他人的人身、财产和其他权利免受正在进行的不法侵害，而采取的制止不法侵害的行为，对不法侵害人造成损害的，属于正当防卫，不负刑事责任。

正当防卫明显超过必要限度造成重大损害的，应当负刑事责任，但是应当减轻或者免除处罚。

对正在进行行凶、杀人、抢劫、强奸、绑架以及其他严重危及人身安全的暴力犯罪，采取防卫行为，造成不法侵害人伤亡的，不属于防卫过当，不负刑事责任。

警钟长鸣

正当防卫，不用担责

李某在某市场以卖水果为生。2007 年 1 月 15 日，李某守在水果摊前卖水果。王某要买水果，于是过来询问价格，感觉价格合适并买了 5 斤水果。傍晚王某来到李某的摊位前，说是因为水果不好吃想退掉已买的水果，李某不同意。于是王某拿起水果扔向李某，李某随即躲闪没有打到李某。王某因为水果没有打到李某，更加愤怒，于是上去朝李某的脸部打了两拳，因李某长得瘦小，王某长得高大，不敢还手，还是躲闪。王某于是上去掐住李某的脖子朝其腹部用脚猛踢。李某想跑，王某拽住他继续殴打。李某情急之下拿起随身携带的水果刀朝王某腹部刺去，王某倒地。李某拨打了 110 与 120，王某经鉴定构成重伤。区检察院以故意伤害罪向人民法院提起公诉。被害人王某也向法院提起刑事附带民事诉讼，要求李某赔偿医疗费等经济损失。区法院经过合并审理后认为，李某构成故意伤害罪，判处有期徒刑一年，缓刑一年。赔偿附带民事诉讼原告人王某经济损失 6000 元。被告人李某不服，以其行为属于正当防卫为由提起上诉。法院经过审理后认为上诉人在遭到王某的不法侵害时，一度采取了克制与躲避的态度。后为避免自己的人身免受正在进行的不法侵害，被迫用随身携带的水果刀将王某刺伤。李某将王某刺伤后没有继续刺伤王某，而是拨打了 110 与 120。其行为属于正当防卫，其防卫程度与不法侵害的性质与程度相适应，没有超过必要的限度，不负刑事责任。

据此，二审法院作出刑事判决：撤销一审判决，宣告李某无罪。

每日一省

第七十六节　防卫过当，减轻处罚

法律再现

《中华人民共和国刑法》

第二十条第二款　正当防卫明显超过必要限度造成重大损害的，应当负刑事责任，但是应当减轻或者免除处罚。

警钟长鸣

防卫过当，减轻处罚

孙明亮，男，19岁。某晚孙明亮和蒋小平去看电影。见郭鹏祥及郭小平、马忠全三人纠缠少女陈某、张某。孙明亮和蒋小平上前制止，与郭鹏祥等人发生争执。蒋小平打了郭鹏祥一拳，郭鹏祥等三人逃跑。孙明亮和蒋小平遂将陈某、张某护送回家。此时郭鹏祥、郭小平、马忠全召集其友胡某等四人，结伙寻找孙明亮、蒋小平，企图报复。发现孙明亮、蒋小平，郭鹏祥猛击蒋小平数拳。蒋小平和孙明亮退到垃圾堆上。郭鹏祥继续扑打，孙明亮掏出随身携带弹簧刀照郭鹏祥左胸刺了一刀，郭鹏祥当即倒地；孙明亮又持刀空中乱划了几下，便与蒋小平乘机脱身。郭鹏祥失血过多，送往医院途中死亡。

孙明亮的行为属于防卫过当，不是正当防卫，应当依法负刑事责任。理由是：

第一，孙明亮具备正当防卫的条件。郭鹏祥等人拉扯纠缠少女被孙明亮等人制止后，又返回寻衅滋事，继续实施不法侵害，孙明亮等人有权进行正当防卫。

第二，孙明亮的防卫行为明显超过了必要的限度，造成了重大损害、属于防卫过当。郭鹏样等人虽然实施了不法侵害，但强度较轻，只是用拳头殴打，而孙明亮防卫时则使用弹簧刀照郭鹏祥的胸部刺一刀，将其刺死，其防卫的手段、强度都明显大大超过了不法侵害人所实施的不法侵害的手段、强度，并且造成了不法侵害人死亡的重大损害结果，属于防卫过当。

第三，根据我国刑法的规定，防卫过当的，应当负刑事责任，但是应当减轻或者免除处罚。

每日一省

第七十七节 网传也侵犯著作权

法律再现

《中华人民共和国著作权法》

第四十七条 有下列侵权行为的，应当根据情况，承担停止侵害、消除影响、赔礼道歉、赔偿损失等民事责任：

（一）未经著作权人许可，发表其作品的；

（二）未经合作作者许可，将与他人合作创作的作品当作自己单独创作的作品发表的；

（三）没有参加创作，为谋取个人名利，在他人作品上署名的；

（四）歪曲、篡改他人作品的；

（五）剽窃他人作品的；

（六）未经著作权人许可，以展览、摄制电影和以类似摄制电影的方法使用作品，或者以改编、翻译、注释等方式使用作品的，本法另有规定的除外；

（七）使用他人作品，应当支付报酬而未支付的；

（八）未经电影作品和以类似摄制电影的方法创作的作品、计算机软件、录音录像制品的著作权人或者与著作权有关的权利人许可，出租其作品或者录音录像制品的，本法另有规定的除外；

（九）未经出版者许可，使用其出版的图书、期刊的版式设计的；

（十）未经表演者许可，从现场直播或者公开传送其现场表演，或者录制其表演的；

（十一）其他侵犯著作权以及与著作权有关的权益的行为。

警钟长鸣

网传也侵犯著作权

2002 年 11 月，从事计算机软件开发及相关技术咨询服务的珠海安德路公司与美国 ncd 公司签署了“详图设计合同”，合同约定，自签约之日起，ncd 公司将承接的工程详图委托给安德路公司设计，安德路公司负有保密责任等。2003 年 5 月，两家公司又签署“保密协议书”，安德路公司承诺承担保密义务，不得以任何方式泄密，否则承担违约金 20 万元人民币。

2003 年 2 月和 8 月，安德路公司两次接受 ncd 公司委托，完成两项工程详细设计图。没想到，2004 年 7 月，ncd 公司对其提出质疑，反映武汉安卓公司在网站宣传中，将上述工程设计详图作为安卓公司设计业绩招揽业务，据此，ncd 公司要求安德路公司赔偿其经济损失，并从同年 8 月开始，分 3 次从应付的工程设计费中，扣除总计为 24000 美元（折合人民币 20 万元）的款项。

安德路公司认为自己作为工程设计详图的著作权人，从未许可他人公开或利用上述工程设计图纸，武汉安卓公司盗用其享有著作权的工程设计图等资料，虚假宣传，招揽客户，依照著作权法的规定，属侵犯著作权行为。2004 年 9 月，安德路公司向武汉市中级人民法院起诉，请求法院判令安卓公司立即停止对其著作权的侵害并停止不正当竞争行为，公开赔礼道歉，消除影响；赔偿其经济损失人民币 20 万元。

法庭一审审理认为，武汉安卓公司在网站上发布及利用自己并不享有著作权的涉案设计详图，声明对该工程设计资料享有“版权”，将此作为安卓公司的业绩进行商业宣传及用于招揽业务，其行为侵犯了原告著作权中的署名权、复制权、发表权，应承担停止侵权、赔礼道歉及赔偿经济损失的民事责任，故作出前述判决。

每日一省

____

____

____

第七十八节　未上交是考试作弊

法律再现

《国家教育考试违规处理办法》

第六条第四项　考生“携带具有发送或者接收信息功能的设备的”，即应认定考生考试作弊。

警钟长鸣

未上交是考试作弊

2008 年高考结束后，浙江省考试院收到宁波考生叶 × ×在考试中受到违规处理的申诉材料，考生在材料中陈述“在参加英语科考试时，因为赶到考场较为急迫，手机放于衣袋中忘记取出。考试时，我的任课老师有事找我，导致我衣袋中的手机振动。发现后立即主动上交监考老师。”“我在手机发生振动时并未接听，也没有遮遮掩掩，而是立即主动向老师报告，承认错误，接受监考老师的处理。”“我对此次收到的‘浙江省高校招生统一考试违规处理决定书’表示不服，申请复议，希望有关教育部门更改处理决定，将‘考试作弊’变更为‘考试违纪’，我的作弊相关信息从‘国家教育考试考生诚信档案’中删除。”收到申诉材料后，省考试院相关部门和领导高度重视，认真察看了考生的违规情况记录表和有关的资料，认定考生的违规事实是明确的：考生已经携带手机进入考场，手机处于开机状态；考试过程中手机振动，且有来电显示。按照《国家教育考试违规处理办法》第六条考生“携带具有发送或者接收信息功能的设备的”，即应认定考生考试作弊，故对叶××的违规处理决定正确。

考试期间，考生携带手机等具有发送或者接收信息功能的设备进入考场，以考试作弊处理，取消该次考试的各科成绩，处理决定记录、保存于国家教育考试考生诚信档案。

每日一省

第七十九节　考试作弊，断送前程

法律再现

《国家教育考试违规处理办法》第六条　考生违背考试公平、公正原则，在考试过程中有下列行为之一的，应当认定为考试作弊：

（一）携带与考试内容相关的材料或者存储有与考试内容相关资料的电子设备参加考试的；

（二）抄袭或者协助他人抄袭试题答案或者与考试内容相关的资料的；

（三）抢夺、窃取他人试卷、答卷或者胁迫他人为自己抄袭提供方便的；

（四）携带具有发送或者接收信息功能的设备的；

（五）由他人冒名代替参加考试的；

（六）故意销毁试卷、答卷或者考试材料的；

（七）在答卷上填写与本人身份不符的姓名、考号等信息的；

（八）传、接物品或者交换试卷、答卷、草稿纸的；

（九）其他以不正当手段获得或者试图获得试题答案、考试成绩的行为。

第九条　考生有第五条所列考试违纪行为之一的，取消该科目的考试成绩。

考生有第六条、第七条所列考试作弊行为之一的，其所报名参加考试的各阶段、各科成绩无效；参加高等教育自学考试的，当次考试各科成绩无效。

有下列情形之一的，可以视情节轻重，同时给予暂停参加该项考试 1 至 3 年的处理；情节特别严重的，可以同时给予暂停参加各种国家教育考试 1 至 3 年的处理：

（一）组织团伙作弊的；

（二）向考场外发送、传递试题信息的；

（三）使用相关设备接收信息实施作弊的；

（四）伪造、变造身份证、准考证及其他证明材料，由他人代替或者代替考生参加考试的。

参加高等教育自学考试的考生有前款严重作弊行为的，也可以给予延迟毕业时间 1 至 3 年的处理，延迟期间考试成绩无效。

警钟长鸣

考试作弊，断送前程

2007 年高考前夕，为了让孩子高考考出好成绩，我省某县几名考生父母望子成龙，精心谋划，明确分工，聘请“枪手”，采购先进通讯设备及高考试题和答案，密谋作弊。

该县某乡镇干部王某与同事方某都在为自己孩子高考的事情头疼，因为他们知道自己子女成绩不是很理想。6 月 1 日晚，王某、方某分别约上今年孩子也参加高考的施某、任某和同事谢某某等，聚在一起商量作弊办法。经过商量，王某等人购买了作弊工具。谢某在浙江某大学物色到支某等 6 名在校大学生，把他们安置在县城一宾馆内。6 月 7 日上午开考后，施某向林某购得语文高考试题及部分答案，通过“枪手”解答后，将答案复印给几位考生家长，再由考生家长通过手机将答案传给考场内的考生。与此同时，该县商人黄某、章某、施某等也购置了一批作弊工具，并以同样方式进行作弊。正当作弊三方自以为神不知鬼不晓紧密分工合作时，6 月 8 日下午 3 时许，参加安全保卫的公安民警通过无线电检测车检测到考场周围一些不明信号。民警顺着信号源头，抓到了施某等人。

①参与违规舞弊的 15 名考生违反了《国家教育考试违规处理办法》第六条、第七条和第九条等有关条款，以考试作弊处理，取消该次考试的各科成绩，处理决定记录、保留于国家教育考试考生诚信档案；②有多名已被录取的学生被取消录取资格；③2008 年 3 月 31 日，该县人民法院以非法获取国家秘密罪分别判处谢某、王某、方某等帮助作弊的考生家长和老师 8 人有期徒刑 6 个月至 3 年不等。

每日一省

____

____

____